向阳而生

——青少年抑郁康复家庭支持环境建设

李　昊◎著

浙江工商大学 出版社
ZHEJIANG GONGSHANG UNIVERSITY PRESS
·杭州·

图书在版编目（CIP）数据

向阳而生：青少年抑郁康复家庭支持环境建设 ／ 李昊著．— 杭州：浙江工商大学出版社，2024.7
ISBN 978-7-5178-5961-1

Ⅰ．①向… Ⅱ．①李… Ⅲ．①青少年－抑郁－家庭教育 Ⅳ．①B842.6②G782

中国国家版本馆CIP数据核字(2024)第041080号

向阳而生——青少年抑郁康复家庭支持环境建设
XIANGYANGERSHENG——QINGSHAONIAN YIYU KANGFU JIATING ZHICHI HUANJING JIANSHE

李　昊著

策划编辑	任晓燕
责任编辑	金芳萍
封面设计	胡　晨
责任校对	林莉燕
责任印制	包建辉
出版发行	浙江工商大学出版社
	（杭州市教工路198号　邮政编码310012）
	（E-mail：zjgsupress@163.com）
	（网址：http://www.zjgsupress.com）
	电话：0571-88904980，88831806（传真）
排　　版	杭州彩地电脑图文有限公司
印　　刷	杭州高腾印务有限公司
开　　本	710 mm×1000 mm　1/16
印　　张	18
字　　数	266千
版印次	2024年7月第1版　2024年7月第1次印刷
书　　号	ISBN 978-7-5178-5961-1
定　　价	72.00元

序

因各种机缘，我参加过一段时间的陪伴抑郁症孩子的家长的公益活动。我在实践中看到许多家长的努力与无助，故发心将自己在陪伴这些家长的过程中的思考整理出来，以期帮助更多的家庭。

发 心

当前，以抑郁症为代表的各种严重的青少年心理问题高发，给家庭和社会带来了巨大的困扰，已经成为一种社会问题。据中国科学院心理研究所2023年发布的《中国国民心理健康发展报告（2021—2022）》，约14.8%青少年存在不同程度的抑郁风险，其中10.8%的青少年属于轻度抑郁风险群体，4.0%的青少年属于重度抑郁风险群体；女生抑郁比例高于男生，非独生子女抑郁比例高于独生子女。该报告还指出，本次调查表明家庭关系不良、家庭结构不完整、经济条件差是青少年心理健康的家庭风险因素，青春期发育与同龄人不同步、睡眠时长不足、缺乏运动也与更高的心理健康风险密切相关。

虽然医学界在治疗抑郁症方面有比较成熟的体系，"生理—心理—社会"的医学模式成为战胜抑郁症的主流体系，家庭支持环境建设是抑郁症康复的基础，但实践表明，源自西方的心理学及心理技术体系在我国明显"水土不服"，实际应用效果往往不尽如人意。有些家长不仅付出了大量的时间和金钱，还耽误了孩子的治疗。

　　我自 2020 年 5 月开始参与由一个抑郁症孩子家庭支持方面的公益组织举办的家长陪伴活动，通过各种渠道与近万名家长就当下遇到的问题进行各种交流，共同探索解决途径及陪伴孩子的技巧。不少家长表示，我在讨论成长之道的同时，还传递了一份安全感，送去了一丝安慰与希望，这使我深感欣慰。2022 年，我开始静下心来，把这几年的陪伴记录、学习笔记等整理出来，对陪伴家长的实践与思考进行总结、提炼，于是有了这本书。

　　若无特别注明，本书提到的抑郁症泛指包括双相情感障碍、焦虑症等在内的严重的青少年心理问题，孩子仅指患有抑郁症的 14 岁至 25 岁的孩子，家长特指这些孩子的父母。因为 25 岁以后的成年孩子控制认知、情绪和行为等的大脑前额叶已发育成熟，所以陪伴他们的思路、方法与陪伴 25 岁以下的孩子有所不同，不可一概而论。

家庭支持环境

　　孩子出现问题，意味着家庭遭遇了危机，原因往往是家庭成员的关系出了问题。关系是相互影响的，如何改变自己、影响对方，是成年人的功课。家庭支持环境建设的目标应该是创造良好的家庭氛围，使孩子康复。

　　目前医学界比较公认的是，治疗孩子的抑郁症应当在生理、心理、社会三个方面同时开展工作。生理层面的工作主要是药物治疗，心理层面的工作包括心理咨询与心理治疗等情感抚慰和引导，社会层面的工作主要是全社会为出现严重心理问题的孩子提供宽松、良好的支持环境，而这三个方面要发挥作用，家庭支持环境建设是基础。对于孩子来说，家庭就是他们主要的生活环境，孩子出现心理问题是家庭内部关系出现问题后的结果。

　　家庭环境主要是在家长主导下形成的，开展家庭支持环境建设，家长首先要重点关注以下几个方面的知识和方法：

——抑郁症的基本医学知识；

——心理学的基本知识；

——陪伴孩子和处理家庭关系的方法。

在此基础上，家长通过调整认知，逐步让自己的行为符合一些基本法则，为孩子创造良好的康复环境，从而使孩子能够修复认知，恢复正常的社会功能。当然，上文所说的方法只是那些孩子产生了严重心理问题的家庭要采取的处置手段，并不适用于所有孩子与家庭。

水穷处便是云起时

"行到水穷处，坐看云起时"，人生难免遭遇苦痛，面对苦痛，每个人都有选择的自由，是选择迎难而上和宠辱不惊，还是选择执迷不悟和怨天尤人，关键在于每个人的内心。

人总是喜欢按既定的方式生活，若非遇到重大变故，是不大愿意主动求变的。孩子出现问题，表明家长养育孩子的方式很大概率上出现了问题，家庭关系须要进行重大改变。家长如果只是看了几本书就觉得自己有方法了，那么往往还是困在以往的认知里，其行为也多是延续以往的逻辑。

只有在黑暗中行走过的人，才会因为痛得彻底而改得彻底。只有当家长实在不知道用什么办法来帮助孩子，只有当家长面对现实感到无能为力时，真正的改变才将发生。家长感到绝望就是已进入绝望之谷，接下来就可以开始攀登开悟之坡，希望就出现了。家长如果只是学了一点知识就觉得自己在爬山了，甚至已经登上顶峰了，开始鄙夷在山脚下"躺平"的人，那么多半还是在攀爬愚昧山峰的过程中。家长如果还是信心满满，认为自己原来的认知不需要调整，可延续以往的行为模式，或仅依靠药物治疗、心理治疗来帮助孩子，那么孩子康复效果不佳自然也在预料之中，这也是很多孩子病情反复迁延的原因。

人总是从各种纠结中走过来的，未来不是盯着伤心事盯出来的，而是昂首挺胸向着阳光一步步走出来的。抬头是方向，低头是清醒，生活是苦的，但加点盐就是咸的，加点糖就是甜的，是苦是咸是甜只在自己内心，如果还是苦的，那就多加点糖。

复归于平静

能让人平静的都是善法。相信一切都是命运的安排，这可以让人在面对生活中的挫折时，有更加平稳的心态，放下被生活强加在心灵上的负担，回归生命原本的样子。

孩子只是生了个病，只不过这个病有点麻烦，而且病根很多是在家长身上。把这个病当成大事，那它确实是件大事；如果以平常心看待它，那它就是件平常事。

无为，是以"无"之心而有所为，是顺道而为，顺应事物内在的发展规律而有所作为，并不是不作为，而是相信一切都是命运的安排，在认清命运的无情后，还能笑着面对生活。不困在过去，不畏惧将来，立足当下，做好自己的事情，让自己的生活过得更轻松一些。这才是无为，是放下。

这个世界，需要有人指点迷津，提升大家的认知层次，也需要一些人脚踏实地陪伴大家共同探索，看清什么是适合自己的方向，找到适合自己的做法。因为曾经的学习和陪伴，我看见过一些人在深度痛苦中的真实样子，所以总是试图去理解别人的痛苦。与其讨论如何才能让孩子健康成长，不如讨论如何面对当下已经出现的问题，让一个个家庭不再继续沉沦，开始明晰前行的方向。我更愿意做一个践行者，努力用所有人都能看得懂的文字，去述说平凡角落里充满人间烟火气的真实人生，在与大家一起成长的过程中收获滋养。

我愿意与大家一起交流遇到的具体问题，把我积累的心得、所学到的知识提供给大家参考，但不大能给出很具体的建议，因为我不可能超越自己的认知和能力来指导、帮助大家，更不能把自己一知半解的东西当作真理拿出来误导大家。我的经验并不足以指引大家走向成功。我没有寄希望于这本书能够让大家改变什么，只希望让大家在安静下来的时候，可以多一个角度看看自己的内心。如果其中的某句话能够触动到大家，我就觉得非常满足了。看见自己，就是智慧发挥作用的时刻，解决问题的方法每个人都有，无须外求。

本书在撰写过程中，得到了与我一起做公益的同行者们、愿意敞开心扉来帮助我成长的家长们的充分鼓励和支持，我在此致以深深的感谢，感恩你们的支持，让我把初心坚持下来。我更希望能把你们的善意传递给更多的家长。

无论多么寒冷的冬天，都不会阻止梅花的绽放，都不会阻止春天的到来。不是所有的努力都能通向成功，但放弃努力，便是放弃了希望。

是为序。

李　昊

2023 年 5 月 8 日于杭州

目 录
CONTENTS

重塑自我

发展自我

发现自我

FAXIAN ZIWO

看见面具之后的真实

知人者智，自知者明。胜人者有力，
自胜者强。知足者富，强行者有志。

——《道德经·三十三章》

一、心理学

心理学研究的是人的行为及行为背后的机制，是研究如何使人幸福，如何更好地看见自己、允许自己的一门科学。心理学让我们知道什么样的行为能让我们走向幸福，过程中会有哪些"坑"，我们知道了这些"坑"就能避开，就算掉进去了也能平静对待。当然，这里所说的心理学主要指应用心理学，毕竟大多数家长关注的焦点并不在整个心理学知识体系。

1. 心理学研究的是如何获得幸福

幸福是一种心理现象，是拥有高质量的社会关系后的感受，是我们对当下平静祥和的生活、足够的物质财富、差强人意的人生产生的满足感，是一种具有正面意义的快乐。

研究幸福如何产生的科学

幸福意味着有爱、信任、自由、独立，以及一个自己可以说了算的认知。我们习惯把享受成功后的喜悦当作人生目标，而忘了人生目标应该是幸福。不同流派的心理学虽然对幸福及通往幸福的路径有不同的诠释，但殊途同归，指向的都是内心的安宁。衡量成功有很多标准，而评判幸福的基本标准只是有基本的生活保障和一个安宁、稳定、祥和的家。

当发现孩子出现严重心理问题后，家长的心理优势会轰然崩塌，于是想要通过建立优越感来弥补内心能量的不足。很多家长选择学

习心理学，以寻求解决之道，有一些还考取了心理咨询师基础培训合格证，甚至成为执业心理咨询师，更多的是在拿到证书之后加入了公益或商业性质的家长互助平台。经常可以看到有些家长每天在朋友圈发恐怕连他自己也看不懂的文字，满口各种术语——觉察、抱持、认知，等等。当然，我绝没有反对家长学习心理学的意思，学什么、如何学才是需要讨论的内容，脱离实际的侃侃而谈都是空谈，只会误事。

心理治疗有三大基础流派：精神分析、认知行为、人本主义。其他流派都是从这些流派派生出来的。与其花时间学那些五花八门的东西，不如直接学习源头，多读原著。不过，现代心理学是起源于西方的一门学科，受东西方文化差异的影响，很多方法未必适合我们。最明显的是，西方的文化背景是以个人权利为取向的，这与中华文化中重视家庭的取向是有非常明显的差异的，因此在一些方法层面有明显的适应性问题。带着批判性思维去阅读心理学经典原著，可能会更好。离开文化背景去讨论心理问题，是不恰当的。

学一点心理学知识，可以让我们对行为背后的东西有更加清晰的认识，但心理学须要静下心来才能学得进去，还要有一定的社会阅历支持。家长如果因为孩子的问题才来学习，往往会急功近利地选择应用心理学的一些技巧作为学习内容，或是把社会上流行的类似鸡汤文的通俗心理学作为入门，把一鳞半爪的技巧当作体系化的认知，急着把学到的一点技巧用到处理与孩子的关系上，而忘了真诚才是处理关系的第一技巧。这些技巧在孩子眼里无非一种缺乏真诚、推卸责任的表演。孩子只是生了病，内心依然高度敏感，依然十分熟悉父母，甚至比家长自己都还要熟悉。

学习心理学应该注意避免的一个"坑"，就是心理学会让人产生不可抑制的学习冲动，会让人越来越愿意深入钻研下去，以至于忘了当初是为什么来学习的。掌握了一些心理学知识后，一些人会觉得自己能够看穿行为背后的东西，具备了走进他人内心的超能力。经常可以在一些平台上见到许多"大神""高瞻远瞩"地用综合了哲学、宗教、心理学等的"人类知识精华"来指点芸芸众生，但他们会教你如何成长，却不会教你如何获得幸福。可以这么说，这些所谓"大神"基本上都是学了心理学后被自我催眠出来的全能自恋者。

学一点心理学，可以让我们看见幸福应该有的样子，知道自己想要的是什么。家长要学会的是如何寻找幸福，同时也要回过头看看以前对孩子所做的事情是不是让孩子离幸福越来越远。

学习是为了更好地认识自己

心理学不是只带给你心灵的安宁，它还有一个很残酷的结果，就是你发现的真相会把你平时用来支撑自己的面具撕得粉碎，会打落你的优越感，让你的幻觉破灭，带给你表象被刺穿的不安。

有人说孩子才讲对与错、好与坏，成年人只讲利益，但很多家长还是比较执着于非白即黑，以对与错、好与坏这样二元对立的价值观去评判世上万物，即使孩子出现了抑郁症状，也仍执着于评判孩子的这个行为是对的、那个行为是错的。世界上除了学生考试会有标准答案，其他事情其实并没有什么放之四海而皆准的所谓真理，很少会有非对即错的标准，在对与错之间还有很长的灰色地带。就是这种非对即错、非白即黑的价值观，才会让家庭出现危机。以在特定场景下是否合理作为判断标准，那什么都是合理的。在部分家长看来这就是没有原则。把对与错绝对化，说明他的认知还停留在幼年。

看见别人淋雨，就想为他撑一把伞，这种慈悲心值得赞叹，但也未尝不是因为看见别人淋雨，想起了自己以前被雨淋后刻进潜意识的那种痛苦回忆。此刻为别人撑伞，或许只是为了减轻或消除自己内心隐藏的痛苦。学了一点心理学知识就想着到处去帮助人，包括帮助自己的孩子和其他家人，这其实是自恋，或者说是用优越感

来防御自卑。更有一些人想让人觉得自己很"牛"，就去怼人、指点江山、"刷"存在感。当然，通过做公益活动让自己获得优越感，这是值得提倡的好事，但如果一定要对自己做出具有慈悲心之类的评判，就会被优越感异化，导致自己对别人的冒犯过度敏感。

家长学习心理学的目的主要是找到解决问题的方向，找到适合自己的解决之道，而不是成为心理学专家。自学心理学可以解决一些自己的问题。通俗心理学读本里的知识点是清楚的，但往往不会告诉你背后的逻辑是什么。为了面向更多的社会大众，一些心理学读本会将一些复杂的问题及其原因分析等进行简化，突出自己宣扬的观点的有效性，并且会有意无意地隐藏起成功解决问题的背后的偶然性和多因素共同作用的复杂性。那些急功近利地为找到解决问题的方法来学习的家长，往往很少会从基础心理学学起，他们看到实用心理学书籍上一两个知识点就急于拿来运用，知其然而不知其所以然，难以全面审视各种技术适用条件，这就容易出现偏差，甚至适得其反。

心理学不像物理、化学、医学那样科学化、体系化，不都是可复制、可重复、可证伪的。比如，传统的弗洛伊德精神分析流派心理学认为，孩子有俄狄浦斯情结是正常的，没有俄狄浦斯情结也是正常的。完全相反的结论可以同时存在，因而其科学性在目前的主流科学界并没有得到一致的认同。人的心理是随时会发生变化的，现在社会上所谓各种流派，只是把这些心理现象概括起来，提供一种逻辑上能自成体系的解释，就"自立门户"了。据不完全统计，现在心理学有超过五百个流派，大多是这样来的。

透过行为看到背后的东西

只用某一个心理学概念去评论一件事情，得到的结果往往是片面的。心理问题不是某个单方面的因素造成的，而是许多事情交织在一起形成的。比如人格类型，没有哪个人是很纯粹的某种人格，人人都有一个主人格加上若干种人格类型特征。有一种精神障碍叫人格分裂，指的是一个人同时拥有好几种人格，它们会在不同的场景下单独呈现出来。

我在陪伴家长的过程中，很少能从家长的叙述中全面了解孩子的情况，家长基本上都给孩子加上了自己的主观评价，我总是会听到"我觉得""我认为"等话语。当家长内心充满焦虑时，孩子的表现基本上都是很悲观消极的，而当家长充满喜悦时，孩子又会处处是亮点。我往往要花费较多时间来让家长还原事实。家长本身就是问题制造者之一，自然只能看到一部分事实，或者夸大自己的破坏力，或者攻击他人。或许家长只是在通过不断强化自己的优越感，来释放内心的攻击力。这有其合理性。

孩子很正常，只是家长的内心还处于焦虑之中。当孩子成长的速度超过家长，而家长还没有处理好自己内心的冲突时，家长就会觉得孩子不正常，实际上就是不愿意孩子从抑郁中摆脱出来。孩子出现了厌学现象，可能他的成绩也还好，他与同学之间的关系也还好，但是他还是选择不去学校，而是回到家里，躲在房间里不出来，这说明家庭关系出现了问题。家长要认识到这一点，不要直接问孩子原因，应该让自己的内心平静下来，不预设前提。只有客观陈述、引导、反问、澄清，才能初步了解问题产生的原因，才能找到适合自己家庭的方法。

很多孩子是被无休止的"内卷"或攀比拖垮的。当今浮躁的社会，一个人成功的标志并不是他在学术上、社会上取得了哪些成就，而是他比他的朋友多了什么。即使孩子已经出现了严重的心理问题，很多家长参加学习后同样还会相互比较谁的孩子"出来"得更快。他们逼不了孩子就逼自己，总之，孩子不能输在起跑线上、不能输在跑道上。这会导致孩子累倒在成长的过程中，这也是孩子出现问题的主要原因之一。回避无助于解决问题，家长做好自己该做的，不轻言放弃，遇到事情不要每次都想着去发现什么。家长少学一点、

学精一点，用本来的面目对待孩子、家人，只要能看到对方行为背后的需求就可以。

重要的是行动的勇气

学习是获得知识的方法，知识能够让我们具备分辨的能力，但不能让我们自动获得改变的能力，知识与目标之间还差了行动。学习后的行动，是改变或违背以往认知的行动，让人很难面对自己的内心。把学到的心理学知识付诸行动是需要勇气的，因为这往往意味着否定自己以往的认知，拿刀子切割自己多年来形成的不合理信念，真的很痛。所以很多人就会想方设法逃避对自己的否定。

家长在得知孩子生病时，突然感觉天塌了一样，很无助，这个时候很容易拼命去找医生、拼命去学习、拼命看各种资料、拼命去问这个老师那个老师，内心焦虑无比。这种努力程度是跟潜意识里的恐惧程度成正比的。

我始终不喜欢用对与错来评价某件具体的事，不愿对某种行为做出正确或不正确的评价，更愿意去探索事情背后的原因。不管这件事以我现有的认知来看是多么不合理，它既然能够发生，就有其自身发展的逻辑，一定是满足了当事人在当时场景下的某种需求。简单地说，就是当事人当时觉得做了这件事情是有益的，不能以当事人事后会不会愧疚作为评判的依据。

处理这些问题的方法有很多，只要是适合自己的就是好的。无论什么流派的心理学，都会让我们学会透过现象看本质，看见行为背后的动机。前后相继发生的事件并不意味着它们就存在因果关系。家长需要具备一定的技巧，又不能为技巧所困，这样才能够穿越情绪的迷雾，看到实质。

人无远虑，必有近忧。目标正确了，我们走的每一步才都是有意义的，即使倒退也是有意义的，至少我们知道了某条路当下是行不通的，换一个方向走就好了，反正不会比以前最差的时候更差。

只有经历过痛苦，我们才会知道接下来该怎么做。

王阳明说："知是行的主意，行是知的功夫。""知而不行，只是未知。"认知决定行为，行为反作用于认知。既然认知的改变需要一个漫长的过程，那就先从行为的改变开始。你无须向任何人证明什么，你只须按自己的目标和方法不断走下去，每一天，每一刻。

我们都以为时间能治愈一切，其实时间从来都不能，重新评价才能。重要的是做出决定的勇气，而不是做出正确的决定。时间是个好东西，时间给你的，你得珍惜；时间不给你的，就是你不能拥有的。孩子出现抑郁症状后，家长如果行为得当，家庭氛围就能明显改善，快的几个月就能看见效果，但要想持续稳定，就得有专业知识的支持。

与其怨天尤人，不如学会微笑。亲子关系不可能摆脱，家长要修心成长，学习如何扩大孩子的天地。我们要做孩子的翅膀，帮助孩子在自己的天空中飞得更高，而不是代替孩子去飞翔。

2. 别把心理学当作玄学

很多努力学习的家长和所谓导师都喜欢讲很"高大上"、很理想化的东西，如无条件的爱、保持觉察、吸收宇宙能量等。无条件的爱是不存在的，那些理想化的东西学学就好。家长要允许自己不进步，要让学到的东西转化成生活中的人间烟火气，让家里充满温情与喜悦——这才是最重要的。

心理学的基础是哲学

心理学最初是依附于哲学的。哲学并不解决某项具体的问题，它研究的是人类的认知结构，研究的是我们对世界的认识角度与方法。而这些并不能完全从现象和经验中依靠理性的逻辑推理出来，它们需要研究者有足够的阅历和悟性，更需要研究者具有坚实的知识积累。这些东西不是没有见过真实世界、总是沉浸在自己虚构世

界里的家长和孩子所能驾驭的。这些东西很容易强化他们的不合理信念。倘若不能接受正确的引导，他们只会更深地困在"牛角尖"里无法自拔。因此，我不建议家长和孩子为了康复这个功利性的目标去学哲学，回到真实的人间烟火，才是疗愈正道。

家长尤其要警惕那些披着心理技术和宗教外衣的"巫术"——这些在互联网平台上可以找出一大堆。家长切不要被似是而非的东西误导，正确的做法是对这些唬人的东西保持足够的警惕，毕竟，最终让孩子回到人间、回到幸福的，还得靠人间烟火气。

注意心理学的水土不服

一方水土养一方人，心理问题产生的原因与处理方法受当时、当地的社会文化环境影响很深。传统中国的社会结构是以家庭为核心的，这跟西方国家有着明显不同。即使在中国，由于国土广阔，一些在南方被认为天经地义的事情，到了北方就会让人觉得可笑，西北的生活习惯与东南沿海也明显不同。属于不同地域文明的东西方之间的差异，就更不用说了。来自西方的心理学中的某些东西，移植到中国的环境后显得不合理，这就是水土不服。

西方文化的源头是古希腊文明，是从游牧文明发展起来的。地中海沿岸城邦国家高度发达的商业文明成为古希腊时代的社会文化主流，宗教文化发达，人们崇尚个人奋斗和契约精神，相信有超自然的神灵。在此基础上形成的心理学及心理技术体系，强调个体发展和脱离家庭影响。

传统的东方文化主体是农耕文明，各种本土宗教多是在强调对内心的庇护，宗教势力没有呈现出对世俗生活的压倒性影响，且日益世俗化。社会规则被赋予了至高的地位，家庭成为社会的最小细胞，人们崇尚孝道。对于一个家庭而言，一切科技的进步都要以有利于家庭秩序稳定和生活水平提高作为评判标准，对哲学的理性思考被视为是不必要的。

在中华文化中，婚姻从来不是夫妻之间的事情，而是两个家庭之间的事情。把双边关系多边化，是一种源远流长的文化，这与崇尚个人自由的西方文明截然不同。孩子遭遇的是时代病，西方心理学不一定普遍适用，要用我们自己的智慧来解决。

带着功利目的学习心理学，说到底是在化解自己内心的恐惧，而过度学习实际上会强化自己对恐惧的恐惧，尤其是这种针对孩子某种问题而开始的学习。与其在"术"上用功，不如直接探索"术"背后的"道"。潜心精研一种经典——这种经典一般都有上百年甚或上千年的历史，是经过历史有效检验的，虽然看起来还有些不合时宜，但把它放到学说发展的历史中去了解其现实意义，再找一些相关的书籍来加深理解，往往比泛泛学习更有效，也更容易接触到底层逻辑，形成自己的认知。

经过这样的学习，就很容易发现当下五花八门的各色理论，绝大多数只是各种经典"道"与"术"的组合与重新包装，或只是一些"江湖人物"的"戏法"，而那些自行寻求"江湖人物"帮助的善良的家长，经常在不知不觉中成为那些"江湖人物"的"助手"，帮他们"收割韭菜"。

3. 用平常心对待心理学

人在自我迷失时，常常很容易受到周围信息的暗示，并把他人的言行作为自己行动的参照，常常认为一种笼统的、一般性的人格描述十分准确地揭示了自己的特点。其实那些话对谁说都具有一定的准确性。人在特殊的情况下，会在无形中把被说中的部分放大，会感觉对方对自己的评价很准、很正确，由此对被传授的方法深信不疑。通俗心理学也有这个问题。这也是算命能够得到部分人认同的心理学基础。

谨慎运用心理技术

心理学家曾奇峰说过："我强烈反对父母学了心理学之后，亲自操刀来解决孩子的问题。这个原则叫作，'解铃不能是系铃人'。"当下，社会上关于抑郁症的专业或不专业的通俗读物有很多，网上一搜也有一大堆相关文章，还有很多公益的或非公益的平台供人学习。当家长突然遭遇孩子的问题后，首先就会去网上找相关的信息，急着去学习，这是很正常的。

学习一点心理技术后，确实可以通过一些语言、容貌、表情、动作等的细微变化看到对方内心的东西，甚至推测出其原生家庭的情况，但这并不意味着学习心理学后就可以科学地"算命"。心理学能让人看到现象背后的心理学意义，可以让人客观、超然地分析出一些潜意识层面的东西，但并不能让人看到对方成长过程中经历了哪些事情，也不能让人据此判断出对方未来的样子。家长对孩子往往很难做到超然，而常常试图把学习心理学当作解决问题的"灵丹妙药"，这或许只是一种自恋和焦虑释放。

动力学诠释是对当下情境中的情感历程进行理解和说明的方法；起源学诠释是把来访者当下的问题、当下的情境与源于其早年生活的那些压抑进行连接并说明的过程。在心理咨询中，临床过程更多的是动力学诠释，起源学诠释往往要花费很长时间，或者说只有在适当的时机和情境下才会选择起源学诠释。如果先做起源学诠释，后做动力学诠释，来访者会因为潜意识还没有"浮现"到意识层面而无法接受，弗洛伊德把这种做法称为野蛮分析，认为这是野蛮的、外行的心理咨询师才做的事情。

一些后现代主义心理学流派抛弃了对创伤的刨根问底，不关注以前怎么样，而是把关注焦点更多地放在未来，放在处理认知上，放在一个人给当下的这些行为赋予的意义上。比如，如果父母的不合理信念已是他们根深蒂固的东西，我们也已经习惯了，就没必要为了让自己的认知显得比父母高一个层级而再去背上"包袱"，只要接纳和理解就可以了。

任何人都不可能完全与其他人感同身受，不要试图去跟孩子讨论共情。家长想要通过学习心理学来看到孩子情绪背后是什么样的潜意识，说到底很多时候只是家长的一厢情愿。不过，通过学习，家长可以减少自以为是，能够相对比较客观、理性地看待问题。无论如何，家长对孩子的认识，永远不可能完全超然，永远都会夹杂着自己的认知。

家长要根据不同的场景来确定需要学习的内容。当孩子还与家长处于激烈冲突的自我封闭期，此时，凡是能够让家长安静下来的东西都是这个阶段最被需要的，尤其是那种很容易就可以学会的，如正念冥想。家长通过简单的操作，让自己与孩子的纠缠迅速中断，为今后的处理创造机会。

家长与孩子关系缓和的修复期，是家长需要开始系统学习的时期。在这个阶段，家长主要是学习处理家庭关系的一些简单可行的方法，学习如何更好地与孩子沟通，同时还要学一点专业的心理学知识和医学知识，以使自己能够更好地看见孩子。

现在心理自助类读物比较流行，但很多都是用故事来验证道理的鸡汤文，还有一些菜谱式知识，告诉读者这些"菜"做出来后的样子及做"菜"的原料，但不会告诉读者如何才能把原料变成"食物"，更不会告诉读者现象背后到底是什么。家长可以选择符合自己认知和家庭情况的心理学知识来学习，但务必要以比较稳妥的方式来实践，切不可盲目照搬照抄。

不要拿孩子当试验品

对家庭成员运用心理技术，前提一定是真诚。长期生活在一起的一家人，谁能骗过谁？不需要说话，甚至不需要看见表情，就能感觉到对方内心的情绪。太多的技术会掩盖真诚，导致无效沟通。

心理技术说到底，就是对一些被长期使用的处理心理问题方法

的归纳总结。很多技术只不过是在其他技术的基础上，针对不同的客体调整了一些做法，就被冠以新的名号，成为新的技术。比如，我们常用的正念技术，至少有十几种是在正念的基础上，甚至只用了其中某一项具体的操作，就成为新的技术。

家长可以而且应当学习一些心理技术，这个毫无疑问。问题在于，家长很难用心理咨询师的客观超然态度处理孩子的心理问题，那心理技术又如何发挥作用，基于信任的亲子关系又从何而来？有些家长试图用学到的一鳞半爪的心理技术来解决自己孩子的问题，往往会以术害道、事倍功半。"无知的人要比博学的人更容易产生自信"，建议家长不要以业余学习的心理学知识来挑战专业的心理咨询师。

现在的心理技术"江湖"已经乱象丛生，一些人在源自西方的一些东西里加了一点东方的元素，就冠之以"首创""发明"等唬人的头衔，自封的"大师"满天飞。家长还是多留个心眼为好，选择适合自己的、正规的心理技术流派的方法，更有利于孩子的康复。当家长内心还比较焦虑时，学习心理学可以成为释放焦虑的渠道，从这个意义上来说，参加一些商业化培训是有益的。问题在于，这些商业化培训不仅费时、费钱，单从效果来看，可能基本没有明显的、长期的成效。这些培训机构"拉人头"的基本手法是制造焦虑，夸大心理问题，同时把一些传统的技术加上一个很"高大上"的包装。为了让家长对他们有信心，他们会捏造一些成功的例子来标榜自己这套技术的高效，甚至会把一些不适合家长的心理技术拿来做培训。家长被他们"催眠"后，自然会很积极地拿自己的孩子做实验，并为这些培训机构"拉人头"。

我一直建议家长要先学一些基础心理学，再去读通俗心理学的书，这样就不容易被误导。一些通俗读本会夸大某些观念，告诉读者某个方法很重要，如何才能做到，但从来不告诉读者为什么这个方法很重要，甚至不告诉读者这个方法是什么。再则，一本能被大家都认可的书，其中的方法也往往适合绝大部分读者，但我们都知道，每个家庭的问题都是不同的，他们需要的是个性化的解决方案，这是畅销的通俗心理学读本无法提供的。比如，《非暴力沟通》这本书确实很好，里面的一些交流的基本方法能有效降低人在交流过程中的攻击力。但如果没有心理学基础知识的支撑，抱着急功近利的心态去学习和运用，就容易把这些模式教条化，把这些方法程式化，把虚伪当作"灵丹妙药"，以至于一些孩子被家长的虚情假意弄得哭笑不得，对家长非常排斥。

即使是一些很专业而且很简单可靠的心理技术，也并不都是适合家长对孩子进行操作的。比如个案概念化，这是一项非常重要的心理技术，可以让人迅速抓住情绪背后关键的东西。但当家长把它运用在孩子身上时，因为毕竟是亲人，家长无法像心理咨询师一样做到超然，就很容易把个案概念化技术简单化为"贴标签"，若把握不好分寸，就会变成一种暴力的攻击行为。

对社会上流行的那些号称具有神奇效果的心理技术，如果家长没有专业心理学基础知识的支撑，我建议家长不要贸然参与学习，更不要随随便便把它们拿来用在自己孩子身上。

二、潜意识

很多人学习心理学的目的就是让自己看见内心隐藏起来的东西，这些东西很可能学习者自己也不知道，或者没注意到，这就是潜意识。看见了潜意识，也就看见了行为背后的东西。

1. 潜意识实质上是一种无意识

潜意识是指在内心中不能被人看见，但又通过行为表达出来的东西。已表达出来的东西不就是在被看见吗？这个定义似乎有点自相矛盾，新精神分析流派可能也认识到了这个逻辑悖论，试图用"认知无意识"来取代"潜意识"的概念，于是又出现了"无意识"与"前意识"等概念。只不过"潜意识"概念的影响太深刻了，很难被代替，也就一直被沿用下来。

表象背后隐藏着相反的信念

潜意识是精神分析流派的核心概念之一，精神分析领域很多观点都是从这个概念派生出来的。潜意识一般是跟意识相对的，比如不能够被觉察到的认知、情绪、愿望等。

过去，潜意识概念被绝对化。现在，后现代心理学派更多地用认知无意识来重新定义，这种无意识在一个人的自主认知还没形成的时候，就已经受到原生家庭和当时当地的社会文化的影响而形成了。

我们日常生活中的某些行为，尤其是所犯的各种错误，往往呈现了自己的潜意识。外在的行为表现与内心的潜意识往往是相反的。矛盾对立的双方是同时存在的，没有了一方，也就没有了另一方。当一个人经常表现得非常自信时，这种自信程度其实是与其潜意识中的自卑程度成正比的。简单地说，潜意识基本上就是心口不一，外在的表现与潜意识往往是相反的。

萨提亚女士说过："你指责我，我感受到你的受伤；你讨好我，我看到你需要认可；你超理智，我体会你的脆弱和害怕；你打岔，我懂得你如此渴望被看到。"大家都说我是一个很谦卑的人，我就会努力让自己更加谦卑，其实在潜意识层面，我是一个自大的人。我表现得谦卑是因为我在努力防御自己内心的自大，谦卑的程度就是自大的程度。家长努力想让孩子好起来，潜意识里其实是认定了孩子是个病人，家长有多努力，家长所认为的孩子的病就有多重。这就是我不喜欢一些心理学团体推荐用自我暗示的方式让家长放下执念的原因。

意识与潜意识是对立统一的整体，作用力等于反作用力。病是真实存在的，越自我安慰就是越压制潜意识，反作用就越大。有些家长觉得自己孩子的情况已经好转，就会热心公益，急着去帮助别人。从潜意识角度会看得更清晰一些，这种情况无非就是他们须要通过优越感释放内心的冲突。如果家长、孩子以十分高涨的情绪表达感恩之情，那他们内心的冲突往往也有同等的力度。家长很平静地讲述涉及社会功能恢复方面的话题，比如孩子的社交活动、在学校里的学习等，我认为这才是内心平和的表现。至于平和的背后是防御机制在起作用还是彻底放下，这又是另外一个话题。

家长如果不能或者不愿满足孩子对快乐的需求，那么期待亲子关系改善是不现实的。看见孩子的需求是家长必须修炼的入门功课，看不到孩子的需求，就谈不上理解孩子，爱也就无从谈起。比如，孩子无节制花钱是亲子关系出现改善后大概率会出现的事情，这是孩子在通过放飞自己来满足以往被抑制的需求。我不认为家长必须

无条件满足孩子的需求，但在某些特定场景下，家长可以考虑为孩子的快乐买单，而不是为这些物品买单。如果孩子的需求真的超出了家庭经济承受范围，那么家长不妨在告知孩子家庭真实情况后果断说"不"。

期望自己能够在黑暗中看到光明，期待光明的出现，实质上是对黑暗的不接纳与对抗。了解潜意识，有助于我们更好地看到他人行为背后的东西。

潜意识的意识化

潜意识被看到了，就被意识化了，就不再是潜意识了。潜意识意识化有三个很重要的标准：自我意识范围扩大、情绪改变、行为改变。

潜意识的意识化，就是在努力放下对潜意识的对抗；而期待就意味着对抗潜意识。因此，检验你是否已经放下对潜意识的对抗，就要看你是否已放下期待。当我们看见自己潜意识层面的东西，亦即所谓接纳自己的内心冲突、内在小孩时，潜意识就不会再困扰我们。有人要我们努力"爬山"，努力改变自己，无非就是要我们努力克服内心的恐惧。但我们向上攀爬的动力有多强，内心的恐惧就有多大，所以，有时候选择"躺平"或许才是化解内心冲突的良方。

所有的心灵成长都是在扩大一个人的意识范围，换句话说，就是尽可能地让潜意识意识化，或者说让我们每个人都能够更加清醒地活着，看到我们潜意识里不好的东西是什么样子。放下期待，只要不持续对抗，就是觉醒，就是成长。我们消灭恐惧的欲望越强大，对抗也就越强大。当这种潜意识跟意识之间的对抗达到一定程度时，人就会产生心理障碍。其实，真的没有必要，也不可能把潜意识层面不好的东西全部消除，保留它，不去刻意触碰它，只要能看到它，看到恐惧、愤怒这些负面的情绪出现了，那么它就会很快平息。

看到了我们的潜意识，看到了内心充满的"不接纳"，我们就知道该怎么去处理这种情绪。如果看不到，那就只能鼓励自己，反复提醒自己"我要接纳"。但这只是一种自我暗示，但这消除不了潜意识里的东西。这个时候，正念疗法可以有效抑制我们内心的负面情绪，时间长了，我们可以形成条件反射，负面情绪一旦产生，我们的状态就会马上转为我们习得性的快乐的状态。但人非圣贤，真正能达到这个境界的人不多。孩子的状态还没有好转，表明问题还没有被解决，孩子如果没有处理好自己的内心冲突，问题就容易以更加激烈的方式爆发出来。开悟确实能在一瞬间发生。但离开特定的场景，回到产生问题的现实环境中，还能保持这种稳定的状态的，能有几人？

《道德经》云："有无相生。"阴阳相互依存，无阳即无阴，反之亦然。一旦把内心的恐惧消灭了，正向思维也就不存在了。一个人有恐惧是很正常的。通过努力把所有的恐惧消灭掉，这不是一个凡人能完成的任务。对于恐惧的恐惧，才是最大的恐惧，学习心理学的目的不是消除恐惧，而是学会与恐惧和平共处。

2. 直觉支配人的行为

人的情感主要有道德感、美感、理智感等。道德感和美感并不完全来自理性。过度依赖理性和逻辑推理的人，对潜意识是不敏感的，往往难以理解潜意识层面的各种反逻辑现象，总是依赖批判性思维，试图用理性来诠释各种情感，来给世界设定规则。

认知是行为方式的决定者

人的认知是从生活经历中感悟出来的，人生的路是自己走出来的，不是听出来的，你可以羡慕我走过的路，但并不是说你听我的话就能走上我走过的路。

认知是一个人获取和运用知识的能力，是对自然、社会运行规则的领悟。简单地说，认知就是一个人看世界的角度和行动的固有

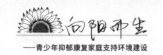

模式。比如在日常生活中，一个人在不如意的时候，是倾向于反思自己的问题，还是找别人的责任；出现意外状况，是更愿意把它当成一件好事，还是坏事；如果取得了某种成就，是觉得是因为自己厉害呢，还是因为自己运气好；受到别人夸奖的时候，是倾向于全然接受，还是认为自己其实没这么好；是更在意那些夸奖我的人，还是更在意那些对我有意见的人。再如：遇到麻烦时习惯向内还是向外找原因；能不能直面挫折并与之和平共处；把成功归因于自己的努力还是认识到成功只是多种因素综合作用的结果；面对赞誉或是指责能否继续保持平常心；等等。这些体现了基本的人生观、世界观、价值观。

人的行为是由认知决定的。一个人如果认同某些观点，那看到的就多是其中合理之处；如果不认同某些观点，就会放大其中不合理之处。而这些往往都与观点本身是否合理无关。所谓"情人眼里出西施"和"疑人偷斧"，就是这个道理。医疗只能处理症状，无法通过药物改善认知。孩子的认知出现扭曲，除了缘于脑部受伤等意外伤害，其余往往都是因为家长长期持续营造的不合理养育环境。要想改变孩子的认知，首先得改变孩子的养育环境。

生活中我们经常能遇见负能量满满的人，他们总是会夸大世界对他们的恶，总是把自己内心恐惧的东西投射给别人。有些家长是不是也经常这样做？家长夸大的孩子的那些事，就是投射出去的自己潜意识里不敢面对的东西。要把自己的伤口割开真的很残忍，但是不把创伤清理干净，脓就会时不时冒出来，伤口就无法痊愈。

虽然你觉得某件事情是应该做的，但其实你的潜意识里不想去做这件事情。你越是觉得应该做，你内心的抵抗就越强。"我应该做一个好家长"，就是在拿好家长的标准来要求自己，给自己设定了一个无法达成的目标，除了增加焦虑，没有任何用处。家长学习心理学主要是为了了解一些可以遵循的底层逻辑，比如要放下对孩子未来的担心，把关注焦点放到自己的身上，单纯地做好一个家长，而不是做一个好家长。

成长是一个过程，我们不能用现在的认知去评判以前的行为，再过几年回过头来看现在，可能又会发现我们现在的认知是不合理的。通过学习，我们已经能够在当下的情况下做到最好，我们的决定一定是在当时情况下最合理的一种做法。

理性不是解决问题的可靠方法

理性的认知是很多人的追求，但我们很少见到纯粹基于理性的决策，很多人都是凭直觉做事。

理性与知识固然很重要，但如果完全靠理性与知识来思考解决问题的办法，思考就会被固着在原有的框架中，人就不能跳出来让自己从上帝视角看问题。理性总是滞后于直觉的，人类做决定时的第一反应往往出于本能，快速对外界发生的事物做出反应是人类生存的本能。也就是说，感性实际上是人类的本能，如果人失去了这种感性觉知的话，是没有办法应对突然来临的危险的。

感性排斥理性，感性做出反应在先，理性发挥作用要有一个过程。比如，突然遇到袭击时，谁都会发呆一小段时间。即使是经过专业训练的高手，做出的对策也往往是基于肌肉记忆、本能反应而不是理性的认知。开车时处理突发路况，一把方向盘、一脚刹车，有多少人是基于理性计算出运动轨迹再做决策的？

一般来说，处理家庭事务时，尤其是在处理家庭成员之间的关系时，很少须要通过严谨的理性分析才能决定如何行动。追求理性没有问题，理性是对认知模式非常有益的补充，是推动世界前进的一种动力，但如果一切以理性为尊，就有点违反人的本性，舍本逐末了。男女生理上的差异决定了女性相对偏感性、偏直觉，男性会更理性一点，家长们知道这一点就行了，没必要为"猪队友"的不作为或乱作为而心生怨恨。

现代科学总是以理性思维为优越感源泉，于是，在这种貌似很

"科学"的认知牵引下，教育往往以培养理性为目的之一，许多科技工作者包括医生自然都在身体力行这种认知。但据统计，抑郁症孩子的家庭中，家长是教师、科技工作者的家庭占了较大的比例，毕竟长期工作中形成的理性思维模式很难不被这类家长带入与家庭成员的关系中，这会让一家人的气氛变得理智而冷漠。

当然，我绝没有完全排斥理性的意思，任何感性认知的背后都是有规律可循的，我们觉得自己是自由的，但其实我们只不过是一块在空中飞翔的石头，在被扔出去的刹那，飞行轨迹就已经被决定了。我想说的是，理性决定了人的认知边界，过于追逐理性会让人陷入认知黑洞，容易把探索的过程当作目标而忘了初心。

潜意识大致就是人的本能

所谓潜意识，我觉得大致可以与一个人的本能相对应，这种本能是无须通过理性来表达的，是人在理性思维形成之前就固化在人格中的一些东西。虽然说不清楚，但当遇到各类事情时，我们的第一反应通常代表了潜意识层面的东西。我们需要通过思考才能表达出来的，一般来说都是与潜意识反向的。家长完全没有必要去探索这种复杂的东西，只要知道了潜意识这个特点，能更加容易看见自己、看见孩子，就可以了。

潜意识虽然不可见，但也不是无迹可寻。遭遇重大突发事件时，比如，刚得知孩子患了抑郁症时，那个时刻的本能反应，就是在潜意识支配下的行为。人的行为往往只是表象，而潜意识才是支配行为的驱动力。学习潜意识的知识，目的是在面对各种行为时，能够静下心来，透过表象，去看见被潜意识所支配的需求。

潜意识代表的是人的本能需求，人的很多行为乍看起来确实有很多不可理喻的东西，但穿过行为的迷雾，就能看到被潜意识支配的需求。这是精神分析流派发挥作用的地方，也是家长要学习成长的知识点。虽然精神分析流派并不具有严格意义上的现代科学的体系规则，更多是一种经验的积累与传承，但很实用，非常有利于解决问题。

一个人在处理关系时，基本上都是受无意识的潜意识支配，理性的作用并不强。比如，在选择伴侣时，你会用什么公式去计算吗？你会拿一张纸，对方符合什么条件你就打个钩或打个分吗？绝大多数就是看对眼了就行，如此重大的决策，基本上不是通过很理性的方式去做出的。在关系处理中，过于强调用理性解决问题是不可靠的。家不是讲理的地方，家是讲感情的地方，家长不要把自己在社会交往中所表现出来的那种理性带回家里，更不要试图在家里保持这种足够的理性，不然，这个家庭非出问题不可。教师、医生、科研工作者等，从事这类职业的人都习惯保持理性，但是这些人的孩子较容易出现心理问题。家长们请千万不要动不动就反思，动不动就去觉察自己有没有做错，天下哪里有那么多麻烦事？

3. 潜意识只能被意识化

一些"大咖"会宣扬如何消灭潜意识中不好的东西，甚至会教大家某种技术来自我消除，当然这需要收取一笔费用，对一些急于摆脱现状的家长会有吸引力。但这是违反常识的，潜意识里始终存在一些负面的东西，它们可能被控制，可能被化解，但是不可能被消除。世界上既不存在纯正向信念的潜意识，也不存在纯负向信念的潜意识。学习成长的目的是不让潜意识与意识发生强烈的对抗，而不是去消除潜意识里不好的东西。

被潜意识支配的人生

潜意识往往在一个人还没有建立起自我认知的时候就建立起来了。家长在处理家庭问题时，大多只是基于自己的认知，而认知往往是受潜意识支配的，潜意识往往都是无意识的，到最后家长可能都不知道自己真实的想法是什么。

童年的恐惧没有被处理好，即使到了七八十岁，它也还是会对我们产生影响。有时候，我们恐惧的东西并没有真的在我们的生活中出现，但我们还是会被吓到，这很容易被归到超自然现象的范畴。比如，有人很怕蛇，他这一辈子未必真的见到过蛇，更谈不上被蛇伤害过，但他仍然对蛇很恐惧。不过仔细分析下来，还是能从他的幼年记忆中找到蛛丝马迹，没有必要对此进行超自然的解读。比如，当他小时候正在看某本童话书，刚好看到关于蛇的情节时，父母在吵架，那么他就会在潜意识里把蛇与父母的吵架建立链接，今后就会回避有关蛇的东西，避免因此触发不愿意面对的东西。

每当我们做了某件事情后，另一件事情伴随发生，我们就会不知不觉地把伴随发生的事情跟我们做的那件事情建立链接，这就是条件反射。在潜意识层面，甚至我们自己都不知道什么场景下建立的链接，所以，人们对此做出了种种解释，最简单的解释就是超自然，比如轮回、前世因缘，等等。这些东西我们无须理会。在潜意识层面给这些相继发生的事情建立链接。这个就是锚点。

当孩子出现问题以后，家长往往都会身心俱疲，容易激发平时积压在潜意识层面的情绪。一些"野生"的心理咨询师，特别是学了一点精神分析皮毛的人，特别喜欢把来访者很隐秘的甚至他自己都不知道的一些东西使劲地挖出来进行分析，甚至还会用催眠的方法，非得找到来访者曾经的某个卡点，比如把某一次吵架后一直没有被释放的情绪，说成是当下问题的起源，至于那次吵架与当下的问题是不是真的有关联，对他们来讲并不重要。这种对潜意识的充分挖掘，其实很容易对来访者造成二次伤害。

催眠是打开潜意识窗口的方法

通常，人的睡眠会分为浅睡眠、深睡眠和快速眼动三个阶段，梦都是在快速眼动阶段出现的。催眠是通过专业的引导给你造一个长长的梦，把你潜意识中的东西充分释放出来。梦中不区分真实与虚幻，不分你我他，也不区分过去、现在与未来，因此，催眠出来的事情本身的真实性可想而知，但它所激发的潜意识层面的东西是可信的，毕竟这些事情都是在潜意识支配下的代入。被催眠后，人的意识其实还在。有人说把人催眠了以后可以让他去做任何事情，这个可能性不大。

当我们开心时，就会梦见美食、美景、好朋友等；而当我们不开心时，就容易梦见妖魔鬼怪、毒虫等不好的事物。反过来也一样，如果梦见了开心的事情，就可以推测做梦者最近心情不错。潜意识也是这样，根据梦中出现的事情，可以反过来推测被压抑的意识是什么样子，这就是释梦。

被催眠的现象是普遍存在的，规则意识过强，就容易过于肯定或者否定自己，从而在潜意识层面种下相反的信念。比如，教师的职业要求使得他们的规则意识会更强一点，对一些概念、理论的东西会比较看重，对正确与错误的判断也会更加敏感，凡事总喜欢分出对错。而且教师的教学能力会通过学生的考试分数得到一定体现，学生成绩的差距和起伏，会造成学生、家长及学校对老师评价的重大差别。部分老师就容易在学生和家长持续的表扬中被催眠为自我全能者。如果这些老师不能处理好家庭与工作的关系，就会自然而然地把充满自我优越感的社会角色带回家庭。教师子女患抑郁症的比例较高，与这种情况应该有着很大的关联。

系统地学习心理学的最大好处在于认真学习并理解后，就能明白那些心理技术背后的逻辑到底是什么，知道应该如何对待自己、对待孩子、对待我们的亲人、对待我们周边的人，知道行为的背后是什么样的认知在支撑。知道了为什么，遇到事情后心里就不容易慌乱。

现在"野生"的心理专家满天飞，有人说他能把宠物给催眠了，这个听听就算了，毕竟连催眠师使用被催眠者听不懂的方言都会影响催眠效果。当然，催眠表演另当别论，这属于训练出来的条件反

射，跟马戏差不多。

每天祝福自己是一种自我催眠

每天一起床就给自己一个祝福的习惯当然是有益的，能够让我们充满信心、能量满满。但这个习惯也是对不宁静、不和谐、不健康、不幸福、不快乐的抗拒和不接纳。这种祝福其实是在掩盖自己的担心，而担心从另一个角度可以理解为在期待这个结果出现，这是一种二元对立，同样也是反向形成。

大致理解了潜意识的概念，就可以发现，每天为自己祈祷、为孩子祈祷，念诵所谓父母规之类，一方面是在强化自己的正向信念——它虽然不能改变认知，但可以改变行为表现，是有益的；另一方面它也在强化负向的信念。正向的信念越强烈，负向的东西自然也越能得到滋养。尤其是以完美父母为标准每天激励自己的人，他们内心的抵抗其实很强烈，它只是被抑制，从未被化解，一定会在某个时刻以更加激烈的方式爆发出来。做这些事情只能掩饰自己内心的冲突，而冲突只会因为被看见、被允许而化解，不会因为这种每天自我暗示、自我催眠的方式被消灭。

人生在世，经过社会的磨炼，我们都会按照一定的社会准则行事，或者说会戴一副或几副面具在生活中扮演各种角色。同样，我们会用各种戏剧化的方式来掩饰自己的本能和内心冲突，比如每天告诉自己"今天我一定是快乐的""要把祝福回向给我们的孩子""我们要怀着喜悦的心情去做这些事情"，等等。当然，在内心充满不安的时候做这些事情是很有用的，通过参与某些富有仪式感的打卡，可以被一个群体接纳而获得基于群体的安全感，这确实有利于家长的成长。

深度催眠可以激发潜意识里的东西，处理潜意识的卡点，就是用新的锚点来取代旧的锚点，用一种仪式跟过去告别。正念冥想也有这个作用，可以使人形成一个锚点，以后遇到情绪波动时，就能自动进入这个状态，能从情绪中抽离出来，焦虑程度会明显下降。但并不是说家长做了冥想，孩子的问题就解决了。孩子不上学，家长做了冥想孩子照样还是不上学。虽然冥想不能解决问题，但是能给家长解决问题留出空间和时间，只不过现在一些"割韭菜"的"野生"心理专家赋予了这些超自然的解释。

精神分析理论认为，在潜意识引导下，人会不断重复过去的痛苦经历，这叫强迫性重复。这种经历会让孩子觉得十分痛苦，但这种强迫性重复创伤的潜在益处在于可以"巩固"孩子"受害者"的身份，将问题归因于他人，从某种程度上，这些也都可以算作自我催眠。比如厌食症，虽然患者内心很痛苦，却总是难以摆脱通过自我受虐来强化对创伤的防御。

有些家长对"创伤"的概念不是太理解，他们常常会问："我都向孩子道歉了，为啥孩子还是那么记仇，放下过去重新出发不好吗？"正是因为过去的经历没有被看见且无法言说，所以才需要不断重复，好让曾经的委屈、伤痛大白于天下，被人看见。简单地说，道歉没有说到点子上，孩子的伤痛仍然没有被看见，甚至还会因为家长的道歉而被藏得更深。阻断这种重复，可以改变原生家庭的"宿命"。

4. 心理问题的背后都有未被满足的需求

潜意识里未被满足的需求，是心理问题的根源，而这种需求往往与个人的生活经历有关，须要通过用心观察来看见它们。

需求被满足能带来快乐

每个心理问题的背后都隐藏着未被满足的需求，基本上无一例外。看见孩子的这些未被满足的需求，是家长应该修炼的基本功，也是觉察的起点。

认识需求，首先要将需求分类。功能性需求主要用于解决生活

中的刚需；体验性需求用来提升生活品质；象征性需求是为了满足身份的象征。很多时候，我们对某种东西的需求往往与别人不一样，尤其是孩子，家长总是一厢情愿地将自己理解的需求加到孩子身上，比如，同样是对茶的需求，可能家长理解的是对"柴米油盐酱醋茶"中"茶"的功能性需求，而孩子理解的是对"琴棋书画诗酒茶"中"茶"的体验性需求，这就是代沟。

象征性需求是否被满足往往是家长与孩子的冲突点。现在的家长对各类需求的理解可能还会在一个相对比较低的消费水平上。比如网红美食，对于家长，这属于体验性需求，而对于孩子，这可能是他们的功能性需求。判断孩子的需求是否合理，标准并不在于家长的认知，而在于对需求的满足是否丰富了孩子的生活、对孩子的成长是否做出了贡献。至于这种贡献是否有益，这个真没有办法说清楚，因为孩子的认知、成长路径是要经过不断试错才能确立的，而青少年时期的试错成本很低，只要家长为孩子兜住底就可以了。

潜意识层面未被满足的需求总是被深深隐藏在认知的深处，而且多关联着当事人不愿意触及的伤痛。对于孩子来说，伤痛多是家长制造的，而大多数家长对此并无感受。即使孩子的伤痛通过某种方式被呈现出来，家长也会觉得有点莫名其妙，认为这只是很小的一件事情，孩子会有如此感受是在小题大做。甚至，有些伤痛确实是孩子用想象制造出来的，这更会使家长感到诧异。

我在陪伴家长时，一般都会一步一步去探索孩子行为背后的需求。最好的探索办法是请家长把自己代入孩子的场景中，从孩子的视角来体验当时发生的事情给孩子带来的感觉，等待家长看见孩子眼中的自己，而不再是看见自己眼中的"我"。我不喜欢给家长答案，因为这些只是我的建议，只是在缓解家长的焦虑，而不是让家长看见自己。

比如，孩子的某些不合理行为或者信念，或许只是孩子希望借此引起家长的关注的手段，那么问题就来了，孩子想让家长看见什么？当家长内心极度焦虑时，是不会对此进行思考的，这个时候需要一些"术"的东西来稳定家长的情绪，家长内心稳定下来，智慧就打开了，就可以顺着这个思路去探索，而不再只是寻找答案。

认知变了需求也会变

要解决心理问题，首先要看到支配心理问题的认知是什么，这里会涉及一些心理学技术。境由心生，所谓"道高一尺，魔高一丈"，道跟魔其实是两位一体、一体两面的东西，我们学习的目的就是要让道与魔和平共处，一念起，一念伏，来不迎，去不送。

认知没有对与错，人的认知不可能超越当时特定的场景，家长的行动不可能超越他当时的认知，它是在当时特定的场景下所能做出的最佳决定，我们不能用现在的认知来评价过去的行为。

认知难以改变，但我们可以通过行为的改变来控制认知的影响，使认知发生演化。成长是让自己的认知向好的方向演化，但现实中，演化的方向未必只有一个。追求成长同样是对不成长的不接纳。认知虽然看不见摸不着，但是我们可以通过几个变量来描述，比如整体认知能力，等等。一切试图改变他人认知，告诉你什么是对什么是不对的那些人，听听就好，别当真，更不要付诸行动，不要把自己的孩子当作别人的实验小白鼠。

需求是可以满足的，但孩子首先呈现出来的需求很多时候并不明确，或者说，首先呈现出来的只是一种愿望，比如希望回到学校，这更像是一个愿望。家长可以与孩子一起继续探寻，通过持续的引导式提问，让孩子把需求呈现出来，如他可以做什么、希望家长做什么等，需求表达出来了，方法就有了。

深层次的需求是受潜意识支配的，潜意识的不可见性决定了深层次需求的不确定性。对于亲子关系还不太稳定、不太和谐的孩子来说，这种需求更是难以被清晰地表达出来。很常见的情况是，一方面孩子为自己无法适应学校生活而焦虑，表达出来的是强烈的复

学意愿；另一方面孩子并不清楚自己和家长须要做什么，甚至不清楚自己是不是真的愿意放弃学校的学习。在这种情况下，家长的合理引导就显得很重要。从孩子混乱的表现中捕捉到准确的信息，并让孩子自己表达出来，这是需要能量和技巧的。

引导表达是第一步，更重要的是如何引导而不是指导孩子建立自我认知。不再把自己的想法放在孩子的意愿中，放下与他人比较而产生的内心冲突，这才是家长须要修炼的功夫。家长的自我成长是家里的一切发生改变的基础。有些家长面对孩子的情况，恨不得自己代孩子生病，无论什么都愿意做，但就是不允许孩子养宠物，只是因为不卫生，就是不允许孩子不洗脸、吃外卖食物，同样是因为不卫生，这样的认知让人哑然。

看见，需要阅历，更需要直面内心的勇气。满足需求，未必就是要回到过去，把那些带来困扰的事件重新过一遍。调整认知可能是满足需求更合理的方法。为什么家就非得是岁月静好？是人间烟火，就一定会有一地鸡毛。我们要学会的是臣服当下，平心静气地耕耘自家方寸地，认知变了，就不会再困在以往的格局中，原先以为天大的事情，现在回想起来，也会哑然失笑，这就是学习成长的意义。

三、防御

防御是很常见的心理现象，凡是主动处理关系，或自我感知以阻止情绪波动的行为，都是在防御机制下发生的行为。简单地说，关系中出现的避免不良情绪即时发作的行为大多是一种防御。人很难活得麻木，但很容易逃避，我们须要学习的是如何透过防御行为看到内在的需求。

1. 防御是阻挡不愉快情绪的机制

心理防御是指个体在面临挫折或冲突的紧张情境时，其内部心理活动自觉或不自觉地解脱烦恼、减轻内心不安，以恢复心理平衡与稳定的一种适应性倾向。防御通常是潜意识层面的正常现象，是在人们不知不觉中就开始发挥作用的，无所谓对错。

防御的特点

实际上，人长大以后，防御是一种本能，只要遇到与自己认知不同的事物，或者必须遵循的某种外部规则，防御机制就会自动启动，未必是在遭遇冲突或者挫折时才会发生。负向的情绪会被防御，正向的情绪也会被防御，如"胜不骄、败不馁"，谦虚就是对骄傲的防御。

对他人的行为在内心进行另一种解读，通常就是启动了防御机制。比如，有人关心你，但你能从中读出讥讽的味道，把对方的好意曲解为恶意，这实际上是把平日里积累的对他的不满通过防御投

射了出去。受到攻击却无法回击，于是通过幻想把自己与现实隔离开来。比如孩子被家长、老师批评时，内心充满敌意但又无法释放，就会在自己的想象中对他们进行反击，这种抽离就是防御机制发挥作用的结果。

真正的防御是无意识的，防御是通过支持自尊或自我美化而保护自己免受伤害。防御往往会掩盖真实的感觉，而感觉不会凭空消失。比如，有人不小心踩了你的脚，他确实没注意到踩脚这件事情，自然就不会有表达歉意的行为。通常你会给他的行为以合理化解释，来消解发生的事情，这就是防御，是努力不让负面情绪进入内心。如果情绪没有被处理，它是不会凭空消失的，而是会以其他方式隐藏起来，很有可能你从此会对他留下不好的印象，以至于时过境迁，被踩了一脚的事情你已经忘了，但那种不好感觉还在，甚至你可能会对那个人形成某种刻板偏见。如果能用跑步、指责等方式释放出来，情绪就不会继续积压，这是防御机制中的转移。

防御机制有自我欺骗的特点，掩饰或伪装自己真正的动机，或否认可能引起焦虑的冲动、动作或记忆的存在，是一种阿Q精神胜利式的自我保护法。就像前面在讨论潜意识的部分所说的那样，这是一种心口不一的表现，外在行为与内在动机是相反的。有一首歌叫《我的心里只有你没有他》，就是一种典型的防御机制。"此地无银三百两""以退为进"等都是这种表现。当然，这些都是在潜意识控制下的行为，未必都是刻意而为。

防御可以单一地表达，也可以多种机制同时使用，防御在维持正常心理健康状态上有着重要的作用，也是透过行为看见内心的一把钥匙。

成熟、合理的防御可以减少内心冲突

从防御角度去观察，读懂了行为的背后防御的是什么，就可以看到潜意识层面的许多东西，就可以知道如何学习成长、把心放下，

实质上就是让防御机制升华，以成熟、合理的防御来替代消极或过度的防御。

合理的防御可以缓解内心冲突，避开痛苦，但不会解决问题本身。长期依赖防御机制来逃避痛苦，将会引发社会关系适应不良的问题。一般来说，一个成熟、合理的防御机制，会有以下这些特征。

应该有利于情绪的流动而不是阻碍情绪的释放。正常的情绪应当是真实的，是面对事情的直接反应。但由于叠加了防御机制，就容易让人把经过防御后派生的情绪当作真实。比如，孩子因为家长批评产生的愤怒情绪无法释放，就会通过对抗来表达，如不做作业、玩游戏等，家长如果只看到孩子这些不合理的行为，无法透过现象看到防御，就很难和孩子共情。

应该有助于长期疏解情绪而不只是短期的抽离。负面情绪是正常而且必要的，释放了就可以。如果长期被抑制而不能被释放，就容易产生许多心理问题。这在抑郁的孩子身上已经有了充分表达。

应该能够使自己走向开放而不是封闭。合理的防御可以通过幽默等方式转移话题，轻松化解矛盾，同时还有助于改善人际关系，这种方式表现在冲突处理上就是高情商。一个幽默的人，身边是不会缺少同伴的，同样也不会缺少愿意一起解决问题的人。

不合理的防御在特定场景下是有意义的，比如，当人们突然遭遇重大危机事件时，否认、投射、幻想等可以让自己暂时忘了危机本身，虽然这些不能解决问题，但至少能够为解决问题留出时间。在突然遭遇地震、洪水等重大自然灾害时，很多受灾的群众并没有表现出悲伤，而是表现出一种淡漠，这就是典型的否认、压抑。发生车祸后第一时间是拍照发朋友圈而不是求救，这也是一种防御。只不过，这种不合理的防御如果长期持续下去，容易引发心理问题，我们需要成熟、合理的防御来面对生活中的不如意。

2. 自我防御机制

中华文化是很注重通过防御来达到情绪稳定的，"祸兮福之所倚；福兮祸之所伏"就体现了典型的防御思维。

常见的防御机制

几乎所有关系处理中的交互行为都可以视为一种防御，无论是正向的还是负向的。消极防御一般是指事情发生后归咎于自己的防御行为，积极防御一般是指事情发生前就主动采取行动的防御行为。

压抑是最基本的防御机制，把令人不舒服的想法、情感和幻想压制到潜意识中。遇到情绪起伏时，如果只是处理了事情，而没有处理好感觉，感觉就会被压抑到潜意识里，而这脱离了意识的控制，容易在其他领域释放出来。人们常说的"失之东隅，收之桑榆"就是感觉被压抑后在其他领域的释放。攻击孩子其实就是把自己被压抑的感觉通过攻击力释放出来。若能找到被压抑起来的感觉，就能找到调整的钥匙。

情感隔离是避免与自己的真实情感接触，这无处不在。就事论事就是一种情感隔离。笑嘻嘻地讲自己的早年创伤，像讲述别人的故事一样讲述自己的悲伤；明知自己的孩子出现了严重的心理问题，非得说孩子没问题，亦即产生所谓"病耻感"。这些都是情感隔离的表现。家长只有老老实实承认孩子确实生了病，直面真实的情感，才能解决问题。

理智化是用大量的思考来取代痛苦难受的感觉，将丰富的情感内容用书本知识表达出来，而使自己与情感隔离。一个没见过真实世界的孩子喜欢哲学，喜欢谈人生观，这就是理智化。不过，理智化是有情感的，只是以高度理性的方式来表达而已，比如，"我恨我妈妈，但我明白，我妈妈很关心我、很为我操劳"，我们还是可以看出其中蕴含的情感。孩子并不排斥情感的存在，只不过把自己与情感隔离开来，他们并没有失去真实的自己，只是压抑了自己的情感。一些家长交流时喜欢讲很多心理学术语、理论，这其实也是理智化的表现。

反向形成是采取相反的反应形式来扭转不可接受的情感。恋爱中的女孩子说"讨厌"，其实是在表达喜欢，这就是反向形成。现实生活里我们会对自己讨厌的、痛恨的人给予较多的关注，而忽视最应该关心的家人，这也是一种反向形成。

分裂是把好情感与坏情感分离，以便保护好的情感，在日常生活中也比较常见。如"偏听偏信""非黑即白""非此即彼"，只看好的一面，不看坏的一面，用坏的方面来否定好的方面，或者反之。

否认是不承认不可接受的情感或想法。只要闭上眼睛，世界上就没有悬崖。回应别人时一开口就连续说"不"，就是一种否认。家长发现孩子出现心理问题后不愿意相信检查结果，而是换医院、换医生反复做检查，这就是否认。有些家长无法客观表达孩子的情况，或是夸大，或是回避问题；有些人一直试图表现自己的高情商、高智商，不接受自己在专业以外领域的无知，也是在否认。

投射是把自己不可接受的品质或情感当成他人的品质或情感，是人们将自己内心那些不被允许的愿望、冲动、思想、观念、态度以及行为转嫁到他人或其他事物上，以让自己摆脱紧张心理，从而达到为自己辩护、保护自己的目的。

认同是借由分享自己的地位或成就，给自己带来不易得到的满足或增强自信，以消除在现实生活中因无法获得成功或满足而产生的焦虑。比如，以自己在某个团队里受欢迎的程度来作为自己成功的标志，不断向人夸耀自己在该团队里的重要性，殊不知，他是在这个团体的支持下才获得成功的，成功并非完全因为他个人的天赋。"狐假虎威""东施效颦"都是认同的例子。学习成绩越差的人，长大成为父母后就越喜欢对孩子强调学习的重要性。

退行是使用生命历程早期阶段的应对策略来处理压力事件与情绪。比如，开心时就特别爱吃东西还吃不饱，这是退行到婴儿。男

人回到家就不愿意动，老人成为老小孩，女人生气就回娘家，等等，都是退行的表现。心身疾病也是一种退行，把不舒服的感受和想法通过身体症状表现出来，就会得到他人更多的关怀和照顾。

文饰就是文过饰非的行为反应，是找冠冕堂皇的理由来为自己的缺点辩护。当无法实现追求的目标时，为了避免或减轻因挫折产生的焦虑，以及维护自尊，人总是会从外部寻找某种理由为自己的行为开脱，可能这个理由能让自己自圆其说，但它并不是行为的真正理由。

成熟的防御机制

成熟的防御机制就是把防御象征化，以建设性的言行来解决问题，简单地说，就是脸皮更厚，能够用不伤害自己、不伤害他人的方法处理关系。以下行为通常具有比较良好的适应性，属于成熟的防御机制。

幽默是用开玩笑的方式表达不舒服的想法或情感，幽默可以在谈笑间把冲突化解掉，人们通常会认为幽默的人情商高。家庭心理健康的标志就是家庭气氛比较幽默，让人感觉很舒服。

利他是把痛苦的情绪转变成帮助他人，自己淋过雨，就想为别人撑把伞，这是公益慈善，也是利他防御。我一直避免对公益行为做过多的道德、宗教等的解读，如慈悲心之类，而更愿意从心理学角度来理解这些行为，这样可以让我们以平常心看待自己，才能让公益行动可持续。

升华是把不可接受的冲动转化成更有用的形式，比如化悲痛为力量。因为孩子的心理问题，一些家长学了一些手艺，甚至让自己成为心理咨询师，这也未尝不是升华机制在发生作用。

抑制是持续地不去关注艰难的想法和情感。虽然从字面上来看，抑制与压抑意思相近，但它们是两种不同的机制。比如有人在公开场合冒犯了你，而你能够忍住愤怒，在私下里处理这件事情，控制住场面，这就是抑制。如果只是忍住不做处理，那就是压抑。

人们对于心理防御机制的态度及防御机制运作的水平不同，会导致截然不同的结果。家长应当学会合理运用心理防御机制，摆脱痛苦，减轻愤怒和不安，缓冲心理挫折。

比如，孩子不愿意回家、不愿意见某个家长，甚至要求父母离婚，这些可能都指向防御机制的启动。如果家长认识到这一点，就可以从消除防御入手来做出改变；只在改善亲子关系上发力，效果可能不尽如人意。如果家庭关系还不稳定，也只能先处理状况再解决问题。心理现象基本上不可能是由单一因素造成的，还会有其他的因素在发挥作用，这里就不展开讨论了。

常见场景下的防御

如果我们把防御放在特定的场景下，去探索一个人防御的是什么，可能更容易理解相关概念，找到解决心理问题的方法。

逃避是一种很常见的现象，孩子的休学是一种逃避，家长把所有过错都归因于己，也是一种逃避，是对自己无法解读事情真相的逃避。这里就要考虑是否存在压抑、否认、退行等防御行为，看看自己在压抑什么情绪，通过否认来逃避什么问题。同时这样也就很容易理解孩子的退行行为。

自我欺骗或者说自欺欺人，是很常见的麻醉自己的方法。比如：家长不愿意承认孩子的真实病情，把转相、轻躁视为病情好转；孩子也会用这些方式来防御因自己脱离社会主流生活而产生的内心冲突。这些可能会涉及反向形成、合理化、仪式与抵消、隔离、理想化、分裂、歪曲等防御行为。

攻击是释放内心冲突的一种方式，可能是转移、投射等防御机制在发挥作用。因此，当孩子发起攻击时，比如在和父母发生冲突、指责学校等的时候，家长要能看到孩子在转移什么不好的感觉、在投射内心什么不愉快的东西等，能做到这一点，家长就不容易被孩

子的情绪裹挟。对于夫妻冲突乃至自己在社会上的各种冲突，都可以抽离出来看，看看对方，也看看自己。

代偿是一种转移，最常见的就是大量购物，很多家长都遇到过孩子的这种情况，这可能涉及幻想、补偿等。很多人出门会化浓妆，甚至到了不化妆不出门的程度，他们或许是在用美妆来强化对自我体相的幻想，或许是在补偿自己的某种挫败感。

冷漠是很常见的，一些家长觉得自己已经不担心孩子了，能够把自己的问题以一种冷静、理性的方式表达出来，不如说这是一种冷漠，是家长以情感隔离、理智化、固着等防御机制来抵抗负面情绪进入内心。"社恐"实质上也是一种对社交的冷漠，如果遇到自己感兴趣的东西，比如追星，自然就无须情感隔离，"社恐"也就不是问题。

放下，实际上更多的是冷漠。很多家长经过一段时间的学习后，觉得自己已经完全放下了，能够很冷静地面对孩子的种种表现了。但家长要想完全放下对孩子的期待和担心，还是需要超越常人的智慧和境界的。

总之，防御是很正常的行为，我们学习的目的是看到这些防御行为是在避免什么样的负面情绪，这就需要学习、成长。在这方面，家长与孩子长期相处，熟悉孩子的过去，具有明显优势，如果能够做到，共情、接纳等就不会成为问题。只不过，防御是潜意识层面的自发行为，不知不觉中就开始发挥作用。看见别人易，看见自己难，要从自己的防御中看到自己的内心更难。

3. 愧疚是对过往的不接纳

当孩子出现问题后，家长如果学了心理学的东西，就会觉察到自己以往种种的不合理行为，难免会心存愧疚。愧疚实质上就是对过往的否定和不接纳，容易让家长沉浸在过去的问题中，回避学习成长。

愧疚是在回避自我觉察

在霍金斯的能量等级表中，羞愧与内疚是在负能量等级中最底层的两项。不过，愧疚能够让人回避因无法解决当前面临的问题而产生的无力感，回避自己内心的创伤，在某种程度上来说还是有益的，但持续沉浸在这种低能量的状态下，会让自己的内心冲突持续恶化，以至于不可收拾。

很多家长在交流时一接触到他们自己内心的创伤，一接触到如何通过改变自己的认知来改善家庭氛围的话题，就会像祥林嫂一样自怨自艾："一切都是我的错。"把一切责任都归到自己身上，用自责与愧疚成功阻止了交流的进一步深入。通常，这些家长很容易向外抓取，与孩子或配偶的关系会呈现不合理的依恋。这些家长指望通过其他人的帮助让自己尽快走出困境，认同他人却又无法按对方的建议来行动。

愧疚是因为我们的过错给他人造成了伤害，这是很正常的事情，但愧疚的超低能量会让人沉浸在自我营造的悲情氛围中无力自拔，以至于失去行动的勇气和能力。只有行动才能让改变发生，没有什么事情会比不行动更加糟糕的了。

愧疚说到底也是一种心理防御机制，是在防御因为缺乏解决问题的能力而产生的强烈自卑，它能成功阻止自我觉察的深入，同时它也是把自己作为加害者的强烈自恋。自卑与自恋是两位一体的东西，愧疚感越强烈，在某种程度上也在昭示着自恋的程度越深。

解决问题需要积极的心态，而愧疚则相反。用消极的心态来看待问题，就会给自己带来消极的情绪和糟糕的感受，并把事情想象得越来越悲观，还容易让自己陷入抑郁状态中。只有走出愧疚，保持积极的心态，才能从更高更大的视角来看待问题，相信一切都会好起来，从而为自己找到解决问题的方法，获得能量。

心态变了，一切就会随之发生变化。认清自己是消除愧疚的基

础。可以愧疚，但请不要持续，别没完没了，试着勇敢面对自己，让自己活在当下，生活才有更多可能。

过往都是有意义的

已经发生的事情都是必然会发生的，当时发生的一切，都是有意义的，研究过去只是让我们看清过去的心路历程，以免重蹈覆辙，更好地面对未来。

每个人都不可能超越当下的认知来做事情，以现在的认知回望过去，自然就会看到当时认知的局限，但以未来的认知审视当下的行为，又何尝不是？因此，纠结于过去，无助于解决当下的问题，当时做过的事情，虽然从现在来看确实不合理，但那已是当时场景下所能做到的最佳，是有意义的，至少可以让家长的情绪得到释放，从而使其有力量处理当下的事情。

放下对过去不成熟的愧疚，让自己轻装上阵，面对当下。偶尔感觉撑不住了，愧疚一下，释放一下，是很合理、很有益的事情，能觉察到愧疚不是在解决问题，只是在缓解情绪，就可以了。在照顾孩子的过程中，家长承受的精神上、经济上、体力上的压力都非常大，还要承受社交上的隔离。尤其是妈妈，承担的压力往往更大。孩子出现抑郁症状，需要人照顾，通常他想到的第一个照顾者一定是妈妈，因为她们与孩子的关系往往更加亲密，这可能就是为什么参加学习的妈妈远远多过爸爸。能让自己不抑郁、不崩溃的做法都是值得提倡的，即使这种做法可能是不合理的。

家长需要学习、成长，这话一定是对的，但这需要时间，至少不能给自己增加焦虑。家长要做到这些，首先要放下对孩子的负罪感。在陪伴时，我经常对家长说："您没有做错什么，您只是基于当时的认知、当时的场景，用您当时认为最好的方式去全心全意爱孩子。现在这种状况不是您的错，即使是您的错，您也已经付出代价了。"过去的岁月无法回头，即使穿越回去，以现在的认知去陪伴孩子，再过三五年回头来看，现在的认知就一定是合理的吗？安住当下、做好当下，才是家长当下最重要的事情。孩子爱父母和父母爱孩子都是天性，这个无须怀疑，只是爱的方法不合理而已，第一次做家长没学好，但孩子出生时也没带说明书呀。

回首往事不是试图消除过去所施加的伤害，而是接受过去并使生活继续。从这个意义上，家长为过去的事情向孩子道歉，或许并不能消除孩子心中的怨恨，但能为自己提供一个重新开始的机会。

有合理的期待才有希望

虽然说家长完全放下期待可以给孩子宽松的环境，但我从不相信一个正常的家长能做到这一点。当孩子处于内心强烈冲突的时期，处于对家长很仇视的阶段，家长要完全放下期待，要让自己抱有这样的信心。这虽然是一种矫枉过正的做法，却是很简单有效的方法。

期待是家长始终放不下的，尤其是当孩子情况有所好转时，期待又会冒出来，这很正常。家长要是真的内心毫无期待，就是彻底死心了，那会是什么样的结果？因为还有期待，所以才是一个正常的家长。家长完全没有必要为自己放不下而心生烦恼，只不过需要注意的是，期待是自己的事情，跟孩子无关。当孩子的状态与自己的期待仍存在差距时，要相信孩子已经尽力了，是他的能力不足以支撑期待，家长能做的是调整好自己，让期待始终保持在一个稳定的状态，不随孩子状态的起伏而波动。同样，当自己的能力同样不能支撑对自己的期待时，家长要做的是调整自己的期待，而不是怀疑自己的能力。

学习的目的并不是让家长完全放下期待，家长也不要试图学到毫无期待的程度。学习的目的是要学会看见自己，允许期待的存在，但是要尽量把它控制在合理的边界内，不让这种期待影响孩子。如果真的没办法，已经影响了孩子，就要马上觉察到这是不合理的，要采取措施尽量减少或消除负面后果，恢复良好的亲子关系。想通

过学习让自己没有期待，这本身就是更大的期待；想通过学习让自己放下执着，这本身就是一种执着。

虽然现在孩子还没有达到理想中的状态，家长也永远不可能回到记忆中的童年，但这已经足够令人感到满足了。相比于宏大叙事，生活中那些小而确实的幸福更加真实。如果只是三碗不过冈的普通人，就不要去羡慕武松打虎时的豪迈。人总是要有期待的，保留一些对未来的期待，也很好。

4. 以平常心对待退行

退行是面对生活中的问题时，放弃已经形成的与年龄相适应的认知和技巧，退回到儿童甚至婴幼儿时期，用那时候的幼稚来消减内心的焦虑不安。退行是一种不成熟但普遍存在的心理防御机制，意识或者说认知的退行才会导致行为的退行。

退行是很常见的心理现象

人总是厌恶不确定性的，当面对问题无法找到解决方法时，人首先就会回到过往的经验中。如果过往的经验无法提供办法，那就留在安全区，这是一种本能，这就是退行。

退行是一种本能，是被潜意识支配的一种无意识行为，是一种很常见的自我保护机制，是在以逃避的方式寻求安全感，只不过是回到他认为安全时期的状态。退行在成年人中很常见，只不过人可能不自知。孩子出现严重心理问题时，家长不知所措，向外抓取，如四处学习、向专家寻求帮助等，就是一种退行，退回到学生时候，退回到事无巨细都要找妈妈的那个时候。

每个人或多或少都会出现退行，完全没有必要讨论这是否合理。人总是喜欢开心的东西，当现在的情景让人感到压力大、无助时，退行到从前单纯的快乐时光就是一种本能。每年中央电视台暑期播放的老版《西游记》真的是小孩子在看吗？那种小学生觉得太幼稚、大人觉得刚刚好的感觉就是退行。我们需要讨论的是如何看见退行及如何发现退行背后的东西。

老人很容易退行到年轻时代，他们看过太多的事情，无力对抗生命终点的到来，就喜欢怀旧；成年人很容易退行到舒适区以逃避生活、职场的挑战，喜欢跟职场新人讲经验、讲成长；年轻人很容易退行到除了学习、学校就不再需要关注其他事情的学生时代，喜欢曾经喜欢过的那些东西，如《西游记》、小玩偶等；孩子同样很容易退行，甚至会回到胎儿时期，以拒绝与外部的一切交流的方式来为自己营造安全感，这就是自我封闭。可以这么说，每个人在面临重大事件时，比如择业、择偶、考试等，包括孩子从自我封闭阶段走出来准备复学时，出现退行是大概率事件。

很多事情是没有标准答案的，关系问题不需要考虑对与不对，但有些家长会不自觉地把小事情分出对错，追求一种正确，成天想着去纠正孩子的错误，这本身就是认知上的一个误区。世界没有那么简单，没有什么事情非对即错，黑与白之间一定会有很多灰色区域。小孩子才讲对错，作为家长还凡事都要分个对错，凡事去追求标准答案，这就是一种退行。

我们为什么喜欢参加同学会？因为同学会可以让自己退行到上学的时代，大家都在一起成长，没有什么可防御的，但同学会结束后，回到现实中，大家该干什么还干什么。

男人懒得做家务是很典型的退行，退到夫妻关系建立之前他在原生家庭的生活方式中。孩子厌食实际上可能是对家长的反抗，他用厌食的方式伤害自己。孩子不是不知道厌食对自己身体不好，但他就是没办法停止，这也是一种退行，退回到还无法反抗家长的那个时期，通过这种方式来控制家长。只不过到后来，孩子已经没有办法停止这种行为，厌食变成了一种条件反射，即固着。

退行是非常有用的东西，可以让我们在被命运彻底击倒前积聚力量，再来抗争，所以完全没必要给退行贴上一个负面的标签，更

不要试图去克服退行。看见并且平静接纳它，就很好。

行为退行与认知退行

退行有很多种分类，我个人觉得可以将退行简单分为行为退行与认知退行两大类。

最常见的行为退行就是所谓巨婴现象，就是指不知道自己不知道的那些人。那些遇到孩子的问题后，还是觉得按自己以往的认知就有办法拯救孩子的家长，就是站在邓宁－克鲁格效应中的愚昧山峰之上，或者是在爬这个山峰的路上。

躯体障碍是一种行为的退行，如啃手指、抖手抖脚、洁癖等，这些属于强迫性行为，达到一定程度就是强迫症。当然，这个要与抑郁症的躯体症状区分开来。语言障碍，如有些人一紧张就会口吃，从某种程度上来说，这也是一种退行。

记忆力、专注力受损是长期以来受到破坏的结果，当这种行为被固化后，就是习得性无助。持续在某件事情上保持良好的专注力，人就会进入所谓心流状态，这就是现在很流行的正念冥想中所说的临在状态。当专注力持续受到损害后，就会形成固着，遇到学习等需要集中专注力的事情时，人就会退回到当初被干扰不能形成心流的那个时期，记忆力的受损大致也是这种情况。

遇到问题就外求，把自我功能外包，也是一种退行。可能很多家长都没有意识到，过度学习的行为就是退行。必要的学习能够加快成长速度，但每天都安排了不同课程，一有学习的机会就想着去上课，希望从中找到解决问题的方法，而不是努力把知识转化成自我的认知，这就是在退回到中小学时代。

认知退行比行为退行更常见，且更不容易被觉察。有些事情大家明知不是什么好事情，但还是忍不住去做，这种被潜意识支配的行为，也是一种认知退行，如酗酒、抽烟等。

为逃避某种责任主动放弃、削弱自己的能力，拒绝有意义的独立思考，实质上就是认知退行。好好学习，天天向上，可能只适合小学生。家长认为只要自己努力学习就能让孩子走出来，实际上这也是退行的表现。学习的目的是提高认知，使自己成长，只把药方背下来，不吃药，病照样好不了。不要用童年思维来解决当下问题。

判断力缺失是比较常见的认知退行。习惯在网络上发泄情绪的人，基本上都是这种类型的退行。而所谓老年人固执，在某种程度上就是一种固着，表现在行动上很常见的就是容易深陷保健品骗局。强迫性重复也可以算是退行，最常见的就是孩子一看到家长就生气、就要对着干。回避社交，恐惧社交，无端地担心未来，同样也是一种退行。

习得性无助在某种程度上，也可以算是一种退行。当无力改变成为习惯后，遇到类似的问题就直接退行到之前的那种状态。家长容易被孩子的状况牵着走，放弃了探寻原因的努力，放弃了作为成年人应该有的理性，在某种程度上也属于这种退行。

从退行中发现正向意义

退行是让自己退回到从前感到安全的那个时间点，甚至退行到婴幼儿时期，以避免直面问题。说到底这还是安全感的问题。与其讨论怎么能让孩子不退行，还不如讨论如何增强孩子的安全感，这样处理起来会更简单。

很多家长热衷于参加各种学习活动，在参加各种心理辅导时会感觉自己能量满满，谈心得体会时也出口成章，但一旦回到现实中就又会产生强烈的无力感，还是会回到以前的模式。这实际上就是一种退行，让自己退回到能够感到安全的那个时间点，所以，家长之间的互助很有必要，因为在这个过程中，家长一方面没有与咨询师交流时的不对等感，另一方面也没有与周围的人交流时的防御心理。

家长要学会的是穿透现象看到认知退行，当这种退行的认知被

固化后，就会成为固着，最终会导致一个人因其认知停留在某个阶段而拒绝成长。

孩子开始从抑郁中走出来的时候，多会出现生病前甚至婴幼儿时期的行为。还有些孩子没有足够的意愿从疾病中走出来，愿意继续停留在抑郁状态中，试图通过疾病来获得额外的好处，满足以前从未被满足的需求，退行到过去的某种状态下。他可以生活在未来，也可以生活在过去，偏偏就不能生活在当下。有些家长也是这样，成天"折腾"，试图回到好好学习就能天天向上的时代，就是不能"躺平"在当下。

实践中经常会遇到孩子反对家长学习心理学的情况，这是一种抵抗，更是一种退行。家长学习心理学以后，会改变以前的行为，也加速了孩子与家长的分离。其实孩子心里很清楚，家长学习心理学对自己的康复是有益的，抗拒分离的背后往往是孩子早年的分离创伤又重新被激活，所以孩子才须要退行到创伤产生之前自己掌控家长的那个时期。

但退行会导致一个人内心的一些东西不被允许、不被接纳，人就容易放弃自己独立思考的能力，退回到一切问题都有标准答案的那个年龄。家长不接纳自己内心的一些东西，就会把这种不接纳投射到孩子身上，这才是需要关注并克服的退行中的不合理信念。

四、原生家庭

原生家庭是通俗心理学领域中很流行的话题，有些心理咨询师特别喜欢把抑郁的原因归于原生家庭，仿佛只要把祖坟刨开，一切问题也就迎刃而解了。原生家庭确实会对一个人的认知产生巨大的影响，这一点毫无疑问。但原生家庭对人一生的影响似乎被过于夸大了，且多被认为是负面的，这是个问题。

1. 原生家庭是孩子的成长环境

感性是受认知支配的，认知表现为人格特征，人格特征是由原生家庭决定的，而原生家庭就是一个人婴幼儿时期的成长环境，并不限于家庭内部，还包括当地的文化背景等。原生家庭意义上的家长也不仅是生物学意义上的父母，还包括作为主要抚养者的其他人。

原生家庭的心理学意义

原生家庭概念只是在客观描述一个事实，无所谓正面或负面的意义，原生家庭塑造了我们的人格特征，而人格特征通常会伴随人的一生，原生家庭成就了现在真实的我们，它有好的一面，自然也有不好的一面。

一阴一阳谓之道，认知决定行动，行动体现认知，行动是外在的，认知是内在的，两者是相互影响的。孩子的认知是由父母决定的，这就是原生家庭理论的观点。同样，父母的认知也是由原生家庭决定的。

有很多证据表明，一个人在出生后的前几年，人格结构、依恋关系以及认知模式等已经基本固化了，"三岁看小、七岁看老"说的就是这个事情。随着时代进步，这个时间线在前移，一个人的认知甚至可以在三岁前就基本形成，而此期间绝大多数孩子都还没有离开父母独立生活，所谓原生家庭的影响就是这么来的。如果在这个阶段没有完成与之相适应的人格发展，孩子的一生都可能会为这个缺失买单。

原生家庭的影响实质上就是家庭成员之间的关系模式在自己的人生中产生的影响，这些影响是多方面的，会涉及夫妻关系、亲子关系以及兄弟姐妹关系，等等。当孩子还没有建立自主意识时，一些行为习惯就以强迫性重复的方式被强化了，以至于固化到潜意识中。在原生家庭里没有得到满足的需求，长大后就容易变成一种单方的索求，比如：来自安全感缺失的家庭，就想在配偶身上找回安全感；来自贫苦的家庭，就会对金钱收支更加敏感；来自父母关系不和的家庭，就容易对配偶的行踪疑神疑鬼；等等。

家庭是一个动态的系统，原生家庭有一个扩大并逐步走向解体的过程，从孩子出生、成长、重组新生家庭后家庭开始解离直到消失，每个阶段都有其独特的任务，而成员的身份具有不可替代性，相互之间有一个关系互补、平衡的过程，当新成员加入或旧成员缺位时，关系就会自动调整。比较常见的是，夫妻关系紧张时，家长就会通过控制孩子来寻求安全感，孩子也会自动补位，扮演起家庭拯救者、保护者的角色，这种角色错位是很多家庭成员心理问题的源头。

原生家庭理论还比较关注家庭成员的序位，把孩子的很多问题归因于父母的不恰当养育。但在中华传统文化大背景下，孝道是非常重要的社会基本规则，五代同堂被认为是一种福气，在这样的环境下，一个人是没办法跟父母完全分离的，家庭成员的序位不能完全套用西方心理学的那些观点，批评父母、原谅父母都要承担很大的心理压力。原生家庭理论会把现在的问题追溯到童年创伤中，归因于原生家庭的影响，如果处理不好，就会给家庭关系的处理带来麻烦。

家庭成员之间的关系是一个动态的变化过程，没有固定的规则，并不是说某种序位就必然导致什么样的心理状态，出现的问题未必就是因为某个序位缺失。

顺便说一句，凡是讲心理学的书里出现了"性格"这个词，那么它基本上就可以归到"野生"心理学图书的范畴，因为心理学的规范提法是"人格特征"。

客观面对原生家庭的影响

一个人的原生家庭所能决定的只是看问题的角度，即赋予问题什么样的信念或者意义，这是可以通过后天的学习调整的。把心理问题的起源归诸原生家庭有一定道理，但导致问题不能解决的原因在你自己。把这个也归因于原生家庭，只能表明你的自恋已经成为孩子、家庭问题的来源。

原生家庭造就了我们的人格类型，但也没有必要夸大这种影响，更不要事事都往原生家庭中找原因，把原生家庭的影响简化为父母不恰当养育行为的影响，这是一件很糟糕的事情。当然，这很容易让我们把自己的某些认知合理化，以减少愧疚感，在自己能量很低的时候是有益的。

原生家庭只是定义了我们认知形成的基础环境，不是一个妖魔化的东西。原生家庭的影响有正面的，也有负面的，单纯地讨论如何摆脱原生家庭的影响，或是试图改变原生家庭，只能表明我们对它的不接纳。而不接纳父母，又会面临中华传统孝道文化的冲击，很多家长只能通过对原生家庭的控诉来让自己得到宽慰，殊不知这种控诉本身就是原生家庭影响的结果。

对父母的不接纳，必然会导致我们把小时候的不满足投射到自

己的孩子身上，从而使原生家庭的负面影响出现代际传承。孩子出现心理问题的原因就在这里。如果家长没有意识到这一点，那么家长无论做出何种努力，无论为孩子提供何种医疗环境，都是治标不治本的。家长的接纳，不能只是对孩子、爱人的接纳，更重要的是对自己的接纳、对原生家庭的接纳。

完全摆脱原生家庭的影响是不可能的，原生家庭的影响不限于认知，还有遗传。在孩子生下来还没有建立自主意识的时候，家长就已经固化了他的认知模式或者说人格类型，孩子这一辈子都是在跟这种认知模式战斗，家长能做的只有最大限度给他创造一个大的空间。但有些"野生"的心理学专家会用各种心理技术让来访者回想几个事件，把来访者幼年时的某次经历作为心理创伤形成的原因，这种先有果再找因的方法，一找一个准。其实这些"野生"专家也知道，来访者所说的事情未必真实，记忆重建大多要靠想象填补记忆空白，被遗忘的记忆到目前为止还没有完全恢复的可能性，更不是几句话、几个装神弄鬼的动作就能完成的，不然这绝对是诺贝尔奖大热门。

对原生家庭的接纳当然不意味着要对以往进行清算、尝试改变父母，而是与父母、与既往和解，和解不一定就表现为原谅，而是学会不再让原生家庭持续影响自己以后的生活。改变父母几乎是一件不可能完成的事情，连自己的孩子都改变不了，何以奢谈改变父母？原谅父母会带来道德上的不安，这种文化背景的影响不是我们能左右的，同样，原谅给过我们伤害的其他人，包括爱人、孩子等，也会给我们带来内在的不安。因此，和解的含义应该是："我要过好自己的生活，虽然我不能原谅你，但我要放过自己。"

关系上的问题大多是因为原生家庭，这是在鼓励你去正视原生家庭遗留下来的问题，并阻断其负面影响的代际传承。就算看到了原生家庭什么样又如何？我们能回到从前吗？显然不能，当我们从原生家庭的故事中醒来以后，还得面对当下的生活，还得工作，因为一生有太多的可能，而所有的可能性取决于当下的抉择。

2. 关系的序位

原生家庭是一个热门的话题，而且多受到负面的批判。没有原生家庭的影响，也就没有亲子关系，无论你是批判还是认同，它都在承托家庭成员的人生。

家庭系统内的序位

在中华传统文化中，关系序位一直是礼仪礼法的核心。讨论关系就离不开系统与序位，《管子·五辅》中"少不凌长，远不间亲，新不间旧"，说的就是关系序位的问题，也与时下比较热门的家庭系统排列的基本观点相符合。

在自然面前，个人的力量渺小，需要依靠集体的力量来获得更大的生产空间，基于血缘以及在此基础上形成的权力架构，成为维系社会的主流。不能离开文化背景来谈从西方引入的心理学技术，在中华传统孝道文化背景下，家庭内部各种关系相对于西方文化背景下的家庭会更加紧密一些。

所谓系统，是指相对比较固定的成员之间因为某种固定的关系而组合起来的群体，如原生家庭、亲属关系、同事关系等。在这里仅讨论自己的原生家庭与新生家庭，不讨论其他。原生家庭是指我们出生和长大时所处的家庭，新生家庭是指通过婚姻等新成立的自己的小家庭。序位是指系统之间和同一系统内部各种关系重要性的程度，基本原则是：新的系统的重要性要高于旧的系统，同一系统内部新的关系序位要低于旧的关系序位。

家庭首先是由夫妻关系组成的，当有了孩子以后，夫妻双方又多了一种相对于孩子的亲子关系，即增加了母子母女关系和父子父女关系，当然，可能还会有孩子之间的兄弟姐妹关系。可以很清楚地看到，个人的新家庭的重要性要超过原生家庭。家庭的关系序位

应是：夫妻关系＞亲子关系；母子母女关系＞父子父女关系；孩子中大娃的重要性要高于二娃；依此类推。

夫妻关系与亲子关系一般来说是同时存在的，也有可能因为离异、去世等造成夫妻分离。此外，把母子母女关系与父子父女关系从亲子关系中分开来讨论，这样可能会更切合家庭实际。

无论是在东方文化中还是在西方文化中，目前来看，父亲通常是家庭规则的建立者和主导者。当母亲处于强势地位时，母亲成了关系的主导者，这必然会导致母子母女关系分离得不到父亲应有的介入。

爱是一种依恋关系，母爱高于其他形式的爱，这是由生物学特征决定的。母子母女关系是从怀孕开始的，此时孩子完全被包容在母亲身体里，二者之间会产生很复杂的生理、心理关系。孩子出生以后一段时间，父亲对于孩子只是一个照顾者，而母亲却能满足孩子需要的一切。此后，孩子对父亲的认同是从争夺对他母亲的控制开始的。

孩子进入青春期，产生独立意识后，这种母子母女关系的分离才能基本完成，父亲的主要作用就是帮助母子母女完成关系分离。把母子母女关系放到夫妻关系之前，通常是因为妈妈希望从母子母女关系中获得安全感，但这容易导致母子母女不可分离，引发分离焦虑。

在家庭内部关系中，夫妻关系要高于亲子关系，但很多家长尤其是妈妈会把孩子放在家庭的中心，这种错位是很多家庭问题的根源。夫妻关系稳定，父亲对母子母女关系的切割通常不会引起大的问题。夫妻关系不稳定，比如夫妻双方经常吵架，实质上就是双方在争夺家庭的控制权，夫妻就会本能地用各种理由拉孩子加入自己的阵营。常见的有倾诉自己对家庭的贡献、对孩子的照顾等，这实质上就是一种情感勒索。面对家长持续的PUA，孩子无法摆脱，只能用愧疚来逃避，结果就出现严重的心理问题。

为什么不说父子父女关系的分离？因为父子父女关系本来就不

是很亲密，分离自然也毫无压力。俗话说"宁跟讨饭娘，不跟当官爸"，说的就是这个道理。

不敢说"不"的关系不是好的关系

人是一种社会化动物，人与人之间的交往就是一种关系，包含了交往发生的方式和结果等。这里只讨论家庭内部的关系，不涉及家庭以外的各种社会关系，比如孩子的同伴关系，虽然那些同样很重要，甚至在某种场景下会对孩子产生决定性的作用。

爱的程度就是关系的亲密度，无条件的爱只是一种想象。处理关系的关键不在关系的内涵是什么，而是关系的边界在哪里。家长不会说"不"，孩子就不知道你跟他关系的边界在哪里，也就是说，他永远都不知道做什么事情才是对的、家长是会接受的，就自然没有安全感，只能一次次试探。就像我们开车去一个陌生的地方，如果不知道目的地在哪里，甚至不知道这条路对不对，就容易心慌，知道方向是对的就不会心慌。孩子不知道边界在哪里，就只能一次次地试探，这就容易引起与家长的冲突。

家庭内部的关系可以用不同维度来划分，比较常见的是原生家庭与新生家庭、垂直关系与平行关系等。我们与孩子的矛盾，比如无法进行有质量的交流，甚至出现语言、肢体冲突，问题主要是出在关系的处理方式与对结果的期待上。孩子会天然亲近和他关系好的一方与力量感强的那一方。

给予孩子爱，就要允许孩子按照自己的愿望生活，以提升亲子关系的亲密度和依恋度；给予更多的爱，就是给予更多的允许，但过度依恋又会导致分离无法实现。孩子出现抑郁往往不是因为缺爱，而是爱过度。控制会让亲子关系的亲密度、依恋度受损。从本质上讲，控制就是自己内心没有被满足的期待转移到了孩子身上。

家庭内部正常关系的建立往往是在规则不断破坏和重新建立的冲突中达成平衡的，不敢说"不"的关系不是好关系。家长一味无

条件接纳孩子，也会导致家庭基本规则的破坏。在孩子面前唯唯诺诺，不敢说"不"，一定是关系还没到位，关系好了，就一定能够大胆说"不"，就敢拒绝而不用担心孩子会有什么反应，知道拒绝后不会出现非常严重的后果。

3. 终止负面影响的传递

所谓原生家庭问题，只是你选择了把父母的标准当作自己做出选择时的标准。孩子是原生家庭的受害者，家长又何尝不是？

改变认知是解决问题的途径

任何事情，都是通过人的认知，才会对当下产生影响，从这个意义上来讲，原生家庭是在当下的认知基础上构建出来的东西，甚至记忆也是虚构的东西，原生家庭的影响只不过是对当下的一些不合理行为所做的合理化解释。家长的性格类型也是传承于自己的原生家庭，这就是原生家庭影响的代际传承，这就是宿命。

人的认知，尤其是元认知，即为什么会产生这种认知的认知基础，往往是在人的意识还没有形成的时候产生的。俗话说"三岁看小、七岁看老"，是有道理的。在家长一次次明示或暗示的评判中产生的习得性无助，让孩子逐渐形成了自己的认知。面对不可控的场景时，孩子觉得无论自己如何努力，都达不到目标或者无法改变结果，就会选择放弃努力，认命了。家长跟着孩子的不良行为走，就是在制造习得性无助。家长对孩子太了解了，反而抓不住要点，注意力就会放在感受强烈的那个点上，并把那个点放大，试图纠正孩子所谓不恰当的行为，还美其名曰"保护孩子不受伤害"，给孩子筑一道安全防护栏。殊不知，这样一来，孩子无法遭遇困难，就无法享受解决困难的自信，无法感受失败，就无法享受自我超越的喜悦。

当孩子考试成绩不好时，有些家长就认为是孩子玩手机影响了学习，把孩子身上偶发的事情上升为一个稳定的、内在的、整体的事件。稳定的——学习不努力；内在的——你光知道玩；整体的——你不单是考试不好，做作业也不认真，字也写不好。而孩子很可能只是这次没有发挥好，或者不喜欢这门课。

保护孩子免于失败，其实是一种剥夺，剥夺了孩子对外界的心理感觉，剥夺了孩子经历困难、失败的权利，从而让孩子产生习得性无助。当孩子经历失败后，家长应该用热情去鼓励孩子，用接纳去支持孩子，而不是帮助孩子正视问题、解决问题，因为这应该算是另一个方向的剥夺。孩子多次经历这种剥夺后，又会形成另一个方向的习得性无助。

家长或主要抚养者、共同生活者的行为习惯，会被孩子模仿。如果某位家庭成员因为疾病而获得好处，比如在情绪波动期间被悉心照顾，或是因为疾病而受到了某种歧视，那么他就会成为孩子效仿或极力回避的对象，这些现象都会对孩子的人格类型产生巨大的影响，这就是所谓原生家庭影响的一个主要方面。

我们的知觉是有选择的，我们只会关注自己感兴趣的东西，而对其他信息视而不见。当孩子长期被剥夺对失败、困难的感觉，孩子自然会对此视而不见。当我们长期只关注孩子负面的部分，如不好好吃饭、穿衣等，孩子自然也就学会了只关注负面的东西。当他进入学校、社会，不再处于一个经过家长过滤的环境，他的内心就会产生剧烈冲突。孩子若诿过于他人，原生家庭理论无异于毒药，若诿过于自己，就容易抑郁。

接纳是正道

原生家庭影响的代际传承会受到血缘关系的影响，这是不可避免的。有血缘关系的一家人，就一定会相互影响，这就是血脉相连，这是写在中华民族基因里的东西，只凭学了点通俗心理学就试图切断原生家庭的影响、切断代际传承，不过是一种妄想。

　　我们不大可能改变基于原生家庭形成的认知。认知迷雾来自后天的学习，试图通过学习来穿越迷雾，只能说是一种自恋。在家庭内部，认清问题需要知识，解决问题只需要常识，让一切回归常识才是正道。某些"高大上"的知识、原则虽然很精致，但离解决问题还有很长的距离，或者它们没有告诉大家其运用的场景是什么。你可以自己去追求幸福，可以自己去扬帆起航，可以继续超级自恋，这种追求从潜意识层面是对自己现状的不接纳，是自尊调节出了问题，也就是说，认不清自我。如果真想孩子好起来，请不要让孩子跟着你去乘风破浪，他有自己的天地。

　　一个家长曾对我说，她在离异后重组了家庭，女儿在国外工作，她因疫情失业后，以自己生病为由哄孩子回国。当孩子发现真相后，就再次出国并断开了与她的联系。她回忆起母亲在临终时，当着全家人的面说她是最可怜的一个。而她回答母亲说，自己有丈夫、孩子，没有比别人可怜。其实她母亲只是在临终前表达自己的忏悔，忏悔以往对她的伤害，而她用回避、愤怒表达对母亲的不原谅。事过境迁，当孩子出现严重的心理问题后，她迫切需要与母亲和解，才会提起母亲的事情，但她只不过是在为自己当下的行为寻求合理化而已。她对自己的孩子延续了母亲对她的养育模式，但又无法直面自己。母亲离世使得她对母亲的愤怒无法释放，这种心态就导致了她无法接受与女儿的分离，甚至不惜以严重破坏信任的方式缓解自己的分离焦虑，终于活成了自己最讨厌的样子。说到底这也是一种退行，退回到在自己母亲身边享受母女关系的时刻。她失去了母亲的爱，或者说她自己的母亲没有给到她合理的正确的爱，而她把这种扭曲的爱完全投射给了自己的孩子，把原生家庭中不好的东西传承了下来。

　　尽管我们不喜欢孩子当下的认知，但那是他自己的生活方式，我们给他一个更大的空间，只要公安不管，老百姓不骂，就是被允许的。他就可以通过不断地试错找到一个适合他自己的生活方式，从而改变原生家庭的传承，把原生家庭的影响降到最小。

不要总把失败的原因归于能力，可以让孩子输在起跑线上，不要让孩子输在幸福感上。幸福感不是用嘴说出来的，也不是用钱买来的，而是在家庭的人间烟火味中产生的。我们对长辈、对家乡的怀念，不就是那一种妈妈的味道吗？每当节日，我们在朋友圈里最值得炫耀的东西，不就是妈妈准备的一大堆家的味道，还有一大堆自己都忘了的小时候的东西？我们的孩子，他的成长记忆中，还有多少这种人间烟火味？

与原生家庭和解是伪命题

用原生家庭理论去缓解焦虑，把问题归于家长，其实并不能解决自己的问题，反而还会让我们产生负疚感。原生家庭理论的滥用，本质上是把自己的缺点投射给家长，当然，这样能够较好地缓解当下的内心冲突，有其积极意义。

与原生家庭和解一定是双方的事，单方的和解是原谅。父母按照他们自己的方式爱你，这并没有错，何须原谅？如果这也有错，那就只能说，这是人类的原罪，只有上帝才有资格原谅。这在东方文化的背景下，很容易让人背负"不孝"的包袱。

如果按那些"野生"心理学专家所说的，原生家庭是抑郁的主要原因，那么孪生兄弟中只有一个得病的又如何解释？逻辑上有点说不通。从目前医学界比较通行的观点来看，抑郁症主要有三个原因：一是遗传因素；二是心理问题；三是社会压力。如果非得说是原生家庭影响的话，也没错，毕竟遗传因素是有大量科学证据证明的主要致病因素，但到目前为止，还没有方法改变遗传性因素来帮助抑郁症孩子康复。心理问题说到底，还是认知的问题，包括社会压力的影响也是通过认知才能转化为问题的。而认知，或者说所谓元认知，通常是在婴儿期形成的，通过原生家庭传递给孩子。但这并不是唯一的影响因素，真的没有必要过多纠缠于所谓原生家庭的

影响，这是已经没有办法改变的东西。

小时候我们会觉得自己能够学会很多东西，能够改变世界，后来发现世界是改变不了的。我们希望能过上跟父母不一样的生活，现在回过头来看，我们还是在父母的格局框架内生活，我们都活成了父母的样子。孩子会不会也只能活成我们的样子？那不是我们所希望的，所以我们才要行动起来，让原生家庭的影响不要继续传递给孩子，但已经传递过去的东西没有办法改变，只能希望从现在开始，通过自己的成长，孩子可以少受到影响，活出他自己的天性。

原生家庭理论可以让家长减少负疚感，可以让孩子把自己的问题归咎于父母，让父母成为"背锅侠"，让自己停止自责，挽救自尊和自信，短期内还是很有用的。但不断强化这种逻辑，孩子在遭遇挫折后就会更加憎恨自己的原生家庭，那就容易走到另一个负面的极端。

超越原生家庭的影响

原生家庭产生作用的机制很复杂，每个人都有原生家庭，这个影响已经深深烙印在灵魂深处，哪些影响是正面的，哪些影响是负面的，每个人都有不同。与其讨论原生家庭理论有没有用，不如讨论它是如何发挥作用的，与其讨论这些大而无当的东西，不如静下心来，考虑如何调整自己的认知偏差，这对解决问题更有帮助。

原生家庭塑造了一个人独一无二的人格类型，优点与缺点共同构成了一个人的特点，当我们只关注缺点时，往往就容易忘记父母赋予我们的那些优秀的人格特征。原生家庭的影响必定会以不同的方式传承下去，这就是家风。我们把关注点放在谁来传、传给谁、传什么，会有利于我们做好当下合理的事情。

原生家庭理论有助于分析人格类型的形成机制，可以帮助我们更好地处理原生家庭负面影响代际传承的问题，但它对解决孩子当下问题的作用并不明显，毕竟人格类型已经固化了，到目前为止我还没看到有证据支持一个人的人格类型会发生根本性颠覆。家长让自己回归天性，专注处理好自己当下的情绪，看见原生家庭中不好的东西并尽量控制自己不去影响孩子，鼓励孩子回归天性，不让自己的情绪成为束缚孩子成长的绳索，这就是停止原生家庭负面影响的传承。

所谓负面的东西，主要是影响家庭内部各种关系改善的规则或行为规范，如果只是价值观不同所导致的差异和行为习惯不同而导致的冲突，未必需要纳入原生家庭的负面影响中，它们更适合用包容来接纳。看到这种传承中负面的东西，给予适当的处理，减少、融合而不是消灭，才是合理的做法。比如，对父母的孝顺是中国人印在骨子里的概念，面对父母给予我们的不合理信念，我们只需要接纳就行，有事多回家看看、听听，然后按自己的信念做好自己。任何改变老人认知的愿望，都会让自己陷入本我与超我的冲突中。

人生不可能圆满，对幸福的过度追逐是心理问题的根源，这要比原生家庭的影响大多了。人格类型只是一个人的性格特征，人格类型没有好或者不好的分别，重要的是我们赋予这些以什么样的意义。不要寄希望去改变自己的人格类型，无须纠结原生家庭的影响。跟自己和解，就是跟原生家庭和解。

五、自我

学习心理学的首要任务就是认识自我。自我可以分为人性化自我与社会化自我。作为人性化自我，我们也许只是被反复无常的情绪和变幻莫测的精力驱使的动物；但作为社会化自我，我们必须保持相对稳定的状态。当这两种自我差距过大时，就会产生自我认知偏差，导致各种关系失衡。

1. 人际关系是看见自我的镜子

人际关系就是我们在参与各种活动时与他人的互动。拥有持续、良好的人际关系，是认识自我的一个重要课题。人际关系的和谐程度是认识自我的一面镜子，我们可以从中看到真实的自己。看不清自我，也就看不清世界。

自我体验的主要表现

自我体验就是如何看待自己。具有良好自我体验的人，容易建立充满愉悦和带来满足的社会关系；反之，社会关系受损的人，也往往与自我体验出现偏差有关。

自我感知是一个人对自己的认识程度，主要包括自我同一性与自我幻想两个方面。自我同一性就是对于"我是谁"的感觉，如果一个人能够很清晰地知道自己喜欢什么、不喜欢什么，知道自己的长处与短板，这个人通常会拥有很强的安全感。相反，安全感较弱的人通常也是对自我认识不清的人。每个人都会期待自己成为一个出色的人，自我幻想提供了这样一种机制，让我们在幻想中满足自己全能的愿望。自我幻想能促进一个人向更好的方向前行，能够贴合自我的幻想，给我们带来心灵的抚慰，让我们树立起奋斗的目标。

自尊是对自己的尊敬与欣赏，自尊调节能力是自尊受损时的自我恢复能力，是人的基本社会能力之一。同一件事情对于不同的人产生的后果可以明显不同，当遇到损害自尊的事情时，有些人会不堪一击，有些人会泰然处之。自大、自恋、共情以及积极竞争、消极退让等都可以作为评价自尊程度的指标。

人们往往很难通过自我觉察来认清自我，须要从社会交往中、从他人的评价中逐步认清自我。因此，童年时须要通过自身的技能学习来提升自我，获得成长，获得成就感，获得自尊。更重要的是，孩子要通过游戏等活动，在家庭之外建立自己的各种社会关系，为今后的发展打好基础。如果缺失了这一课题，以后就容易出现一些社交障碍。在与同龄人交往中出现问题的孩子，往往都是因为没有在童年建立起良好的家庭之外的交往圈子。

学校给孩子提供了一个社交平台，让同龄人相互深度交往，通过游戏、竞争，甚至冲突、打架等方式形成新的社会关系，在社会关系中探索自我感知、自尊等问题。如果家长只关注学习成绩，忽视了人际关系方面的重要性，把非学习活动视为洪水猛兽，实际上就是剥夺了孩子心理成长的能力，中断了孩子对自我同一性的探索，会造成孩子认知与情绪的困扰，退行就是一种大概率会出现的问题，抑郁等心理问题大多都有生理发育与心理发育脱节的问题。

不可否认，学校就是一个充满竞争的小社会，如果缺少了自我感知能力的建设，孩子就很容易因为学习成绩的波动而出现自尊受损。当然，从实践来看，在小学期间，孩子受这方面的影响不大，毕竟孩子还处于童年期，在低年级段基本上已经形成了相对固定的交往人群和成绩序列。到了初中阶段，面对新的同学、新的成绩排序，如果没有较好的符合认知发展程度的自我体验，那么对环境不

适应就有很大的发生概率。

人际关系的维度

建立人际关系的能力是一个人心理发展的基本能力之一，是人们获得心理能量的来源，但同时也是心理问题的来源。评价一个人的人际关系，可以从信任感、对自己和他人的感知度、安全感、亲密性、相互依存度等维度来展开。

信任感。相信他人的能力对于建立良好的人际关系是必不可少的，这种关系是在生命的早期就已经建立起来的，是在家长的精心呵护中形成的。信任感使人们可以相互信赖，相信自己可以得到他人的关照。而信任感的缺失会让人恐惧他人的攻击，产生被忽视感和孤独感。过度信任也是一种认知问题。

对自己和他人的感知度。拥有良好的自我体验才能感知自我和他人，才能相信每个人都是独特的人，都同时拥有好的品质和坏的品质，更重要的是要能够从历史的角度进行整体化感知。

安全感。通常，一个人拥有较强的安全感，就能够容忍他人的情绪，有自己广泛的人际关系，肯花时间去建立一段关系和相互了解，形成一种安全型依恋关系。

亲密性。当一个人愿意与某个人分享自己的感受、经历和失败时，就代表他拥有一段亲密度较高的关系。亲密度就是亲近和熟悉的程度，缺少亲密度就是缺少朋友，需要倾诉时找不到一个能倾听的对象。但自我暴露过多也会使一些人感到焦虑和受挫。在一些同伴互助平台上过多地自我暴露的家长，很多都是在现实生活中缺少较高亲密度的社会关系。

相互依存度。相互依存度是关系的双方能否在对方满足了你想要的需求的同时也给对方带来满足。一个人如果缺少足够的自我认知，总是喜欢用各种方法获得他人的关注，那他通常来说共情能力比较弱。

抑郁说到底就是人际关系出了问题之后所引起的生理、心理和社会功能问题。要走出阴霾，首先应当从关系的改善入手，而改善关系首先要看见现有的关系中出现了哪些问题，先从家庭成员之间的关系入手，再逐步解决社会关系。

家庭成员之间很难产生真正的完全的共情基础，共情是用于解决双方的问题，而在亲子关系中往往家长自己就是导致问题的一方，要实现与孩子的共情需要很高的自我体验能力。实现真正的共情也不意味着要等到自我体验能力提升后才能行动，做好接纳就行了。

2. 安全感是心理健康的重要标志

安全感是人的基本需求之一，是否具有安全感是心理健康与否的重要标志。孩子的心理问题，还有家长自己的心理问题，或多或少都与安全感缺乏有关。

安全感深深影响了人格特征的形成

对于安全感，不同的心理学流派有不同的解释，我们最熟悉的就是人本主义流派的马斯洛需求层次理论。生理需求得到满足以后，安全需求得不到满足的话，就会产生很多问题。现在孩子的生理需求基本上都能得到满足，但在安全需求方面有比家长更高的要求。分离焦虑最终也还是安全感方面的问题，在生理需求得到充分满足，或者说是过度满足后，家长对孩子的过度关心就会侵害孩子的安全感，就会导致孩子对分离的过度恐惧。

孩子的人格特征早在还没有建立自主意识时就形成了，如果这个时候孩子的安全感被破坏了，孩子就会一辈子受影响。只要父母确保至少一方不间断地陪伴孩子，保持情绪稳定，保持夫妻关系亲密，孩子就容易建立安全感，但这在现代社会里是很奢侈的。

安全感的缺乏也更多地受到社会文化背景的影响。社会上普遍都有这样的信念：孩子中考成绩好，就可以考上好的高中，上好的

大学的机会也就越多；高考更是全社会都高度内卷的事，考上好大学，似乎大学毕业后找到好工作的概率就会比较高。而中考前和高考前，都是青少年抑郁症的高发期。当整个社会呈现高度内卷的态势时，青少年抑郁就会成为社会问题。当抑郁成为社会问题后，这些孩子的家长又会卷入新的内卷中，相互攀比谁的进步快、谁的孩子康复得好，这是很悲哀的。

被控制的孩子容易缺失安全感

安全感的建立很困难，但失去很简单，家长对孩子的过度控制是孩子安全感缺失最常见的原因。以下都是常见的破坏孩子安全感的行为。

把孩子培养得很懂事。抱孩子就不能搬砖，搬砖就不能抱孩子，这是现代社会的无可奈何，更是对孩子最大的恶意。一些家长把孩子送到自己父母那里养育，或者频繁变换住处、变更带孩子的人，这样的孩子往往很懂事，很懂事的孩子基本上都缺乏安全感。由奶奶、外婆带大并且常年见不到父母的孩子，往往很乖巧、很善解人意，但一见到父母回来，就立即换了一个人。安全感回来了，孩子会让人很头痛，难得见个面也不消停。许多家长因为平时工作忙，周末难得休息，就只顾自己放松，不愿意陪孩子玩，这也很容易让孩子产生被冷落的感觉。

有安全感的孩子才能有恃无恐地到处去惹祸，反正有家长兜底。缺少安全感的孩子也会四处惹祸，因为这样家长才会关注自己。没有安全感的孩子要么很懂事，懂事到让人心痛；要么很会闯祸，麻烦到让人头痛。

对孩子的未来多一点担心。担心不是诅咒，过度担心才是，对外界的担心就是对自己担心的投射。

家长往往因为自己也缺少安全感，所以孩子一有点风吹草动，他们就很担心孩子的未来会有很多坎坷，想义不容辞地为孩子"降妖除怪"，却最终成了孩子心中的"妖怪"，成功地把自己的人生变成了孩子的天花板，这样孩子这辈子的成就都不会超过家长，不能独立，一辈子都会生活在家长的照顾之下，还可以避免分离焦虑。至于会不会让孩子没有安全感，这些对于家长来说并不重要。

当孩子遇到一些事情后，比如生病，家长就会想着给孩子补偿，让孩子获得比一般孩子更多的快乐，也就是不把孩子当作一般正常的孩子，这会培养孩子把过错推给家长的习惯。孩子容易心安理得地享受与家长共生的好处，再把愤怒倾倒给家长。而家长的唯唯诺诺，更为这种共生添注了能量，超强共生的亲子关系就这样建立起来了。分离成了一件不可能的事情，对双方都是不可能的。孩子自然也就很难有安全感。

有些家长，每次孩子出门都千叮嘱万吩咐，不相信孩子自己能够知冷知热。孩子自己感觉冷不冷不重要，只要家长觉得你冷，你就必须完全按家长的意思来做事。这种"家长觉得你冷"，体现出家长的一厢情愿和家长对孩子意愿的漠视。孩子的一切麻烦都由家长主动出面来应对，孩子的一切主张都被自动屏蔽。

当孩子试图独自面对社会时，这些家长就会很抓狂，这个不对，那个不行，不让孩子有自己的决定，这样的孩子会很温柔，温柔到想买一瓶饮料解渴也会反复比较，恨不得带一架天平来称一下哪瓶多一点。哪里有什么选择困难，只不过是缺少安全感而已。那些没有家长的指导都剥不了鸡蛋壳的孩子，真的不少见，生活都不能自理了，家长还以为是自己的照顾无微不至。

即使看见了孩子的问题，但是家长习惯用自己的想法去解决，这会导致问题得到保留甚至被强化，而这只不过是家长用来满足自己的自恋，问题只会被继续保留。

在孩子面前哭穷。有些家长会经常告诉孩子家庭经济是多么不宽裕，孩子花的每一分钱都是爸爸妈妈省出来的，孩子不成为成绩最好的就对不起家长，久而久之，孩子就不敢不努力，而且还不敢

要好的东西。于是乎，一个勤俭、努力的孩子"闪亮登场"，"融四岁，能让梨"，换个角度想，也可能是孩子在主动放弃对美好事物的向往。这种"哭穷"大致相当于家长经常告诉孩子他长得很丑，以此来"培养"孩子的不配得感，彻底消除孩子的安全感。

故意给孩子制造挫败感。挫折教育很有用，虽然孩子做得比家长当年要好得多得多，但一些家长总能找到别人家的孩子做得比自己家孩子更好的地方，只有这样家长才能获得很多的优越感。孩子即使做对了也是错，比如别人家的孩子睡觉的时间都还在看书，而自己家的孩子一看书就睡觉。

那些炼就一双火眼金睛、能够迅速穿透孩子成功的表象、看到自己孩子问题的家长，他们的孩子想保留一点安全感都很难。无论孩子做了什么或是在做什么，家长都能把话题转向批评。更有甚者，还不断告诉身边每个人，这个孩子是如何如何让自己不省心，我又是多么多么爱孩子，这只会让孩子更不愿意与家长和解。

家长情绪不稳定导致了孩子的不安全感

不良的家庭环境是孩子缺失安全感的基础。常见的家长破坏孩子安全感的行为有以下这些。

在孩子面前情绪失控。对于任何一个人来说，婴儿期的养育环境，尤其是主要抚养者的性格、生活习惯等，会给孩子人格模式的形成带去基本上一生都无法改变的影响，这就是所谓原生家庭的影响，大致相当于命运。对孩子来说，父母的关系紧张、情绪不稳定、一方或双方缺席成长过程，是幼年时最大的灾难。所谓用一生治愈童年创伤，指的就是这些。

天下基本不会有不吵架的夫妻，不可能总是情绪稳定，吵吵闹闹也是人间烟火。虽然夫妻两个可以避开孩子找个地方吵个架，然后手牵手开开心心回家，但在孩子面前吵架赢了更有面子，能在孩子面前树立权威感。

当然，情绪失控未必就是吵架、冷战，相敬如宾也是，礼仪有了，亲情淡了。没有烟火味的家庭、充满枪林弹雨的家庭，都是消灭孩子安全感的最佳环境，孩子的安全感在这种场景下会更容易消失。

让孩子更怕父母。有些家长不允许孩子挑战他的权威，把孩子的挑战视为冒犯，会用限制零花钱等方式压制孩子。他们从不表扬孩子，认为表扬孩子就意味着让自己缺少安全感，所以要用别人家的孩子跟自己家的孩子比；他们可以把友善给外人，就是不愿意给孩子、给家人，即使在外面夹着尾巴做人，回到家也得让孩子敬畏。

即便孩子被老师批评、被同学霸凌了，有些家长还是会让孩子反思自己做错了什么，以此来证明家长的教育没错，错的一定是孩子，这就会让孩子缺乏安全的避风港湾，失去展翅飞翔的勇气。

在孩子面前抨击社会丑恶。很多家长喜欢在孩子面前指点江山，揭露社会丑恶，弘扬正气，这会让孩子习惯于被保护，形成对社会的负面印象，甚至逃避社会。

孩子的安全感会让孩子离开家庭，所以一些家长会通过为孩子制造想象中的他人和社会的恶意，来把自己的焦虑投射给孩子，使得孩子从小对外面的世界保持高度警惕，甚至会认为全世界都要害他，不敢也不能离开家庭，说到底这是家长在孩子面前维持自己的超强优越感和孩子对自己的全能崇拜。

家庭关系错位是不安全感的基础

家庭关系错位也是孩子缺失安全感的重要原因。

爸爸妈妈经常角色错位。无论是在东方文化中还是在西方文化中，一个家庭内部，父爱如山，母爱如水，这是一种天然的角色分配。但现在的家庭成员之间角色分工出现了很多变化，这种缺位和错位会让家庭内部的秩序出现混乱，妈妈很难控制好自己干预孩子的冲动，爸爸面对问题喜欢选择逃避。面对家务等一地鸡毛，夫妻

容易相互指责，也破坏了孩子的安全感。

处理家庭之外的事情也一样，家长把学校老师的要求奉为圣旨，孩子惹了祸第一时间就是气急败坏地指责孩子，而不是先搞清楚究竟发生了什么。不相信孩子，不能为孩子撑起一把保护伞，又如何让孩子拥有安全感？

父爱如山崩地裂，母爱如水深火热，孩子的安全感无处安放，就不会被需要了，孩子以后会用一生去寻找。

在孩子面前赞美家长工作的辛苦。有些家长平时会在孩子面前对另一半表达感谢，比如妈妈会说，爸爸工作有多辛苦，受气受累还不赚钱，但他一直都在忍气吞声，为了这个家庭付出很多很多。爸爸也会如法炮制，让孩子感谢妈妈为家庭的付出，要不是为了孩子，她本来可以有更高的职位、更多的名牌包包和更多的大牌口红。

这种以培养感恩意识为借口的PUA，只能成功"培养"出孩子对未来的恐惧和不配得感，孩子会认为只有每次考试不失误，才能配得上家长的辛苦，考试分数只能高不能低，不然，就会考不上好学校，不会有一个好的未来。这样做的后果是孩子会经常生活在愧疚感和恐惧中，安全感会被慢慢消磨掉。

3. 清晰的关系边界是自我成长的目标

在孩子提升安全感时，家长首先要厘清自己的边界，并且充分尊重孩子的边界，允许孩子按自己的意愿做出决定，允许孩子失败并且愿意为失败买单，这样孩子就有勇气去面对新的生活。家长不能保持边界感，无法放下优越感，主要是因为内心的攻击力没有被释放。

不适当的自我暴露是边界不清

每段亲子关系中或多或少都存在边界不清晰的问题。在孩子出现严重心理问题的家庭中，这种现象无一例外都比较明显。人生不会有什么完美的关系，以某种完美状态来对照我们一个凡人的各种行为，这可能就是各种焦虑、恐惧等负性情绪的来源。

发现孩子出了问题后，家长向外寻求支持是很合理的做法。但许多家长会把自己的同一个问题喋喋不休地倾诉，甚至一次讲几个小时，这就有点涉及自我暴露的问题了。事无巨细都要发朋友圈，把自己的生活、情绪事无巨细地向他人暴露，除非出于特殊目的，比如营销自我的需要，否则，实质上是一种过多的自我暴露，是家长在为自己树立某种特定的形象，通过外人的关注获得优越感。

保持合适的心理距离是建立和维持良好的人际关系的基础，必要的自我暴露，有助于更好地让别人了解自己的真实感受，同时也可以从对方的反应中对自我有更准确的认识。

每个人内心都有一些不为人知的东西，这些东西是获得优越感或是防御内心冲突的盾牌，一旦发现这些东西已不成为秘密后，人就很容易产生无助感和愤怒、愧疚等负面情绪。过度的自我暴露，无异于把自我的内心冲突进行释放，或者希望对方能够深度介入自己的内心而维护一种超过正常水平的关系，这就会给对方造成威胁与压力，到一定程度后对方会启动防御机制。反之亦然，过于封闭自己，实质上是一种由过于自卑、敏感引发的自我保护机制。对方向自己过度自我暴露或封闭，同样也会引发自己内心的不安。

同一个人的过度自我暴露与自我封闭经常会交替出现。面对孩子的状况，家长无法向周边的人说明，只能封闭自己，隐瞒情况。在公益平台交流时，很多家长就会讲上很长时间，我接触过最长的是一口气哭着讲了近一个小时，别人根本插不上话。当然，在特定情况下，这种暴露是有益的，可以释放内心强烈的冲突，但长期如此，就有边界不清的问题。

还有一种边界不清的情况是，家长要求孩子把所有事情都主动告诉自己，动不动就加上不能隐瞒等标签，这也可以理解为自我暴露的反向形成。偷看孩子的日记，从某种程度上来说，也是自我暴

露的反向形成。

关系要有柔情

万事皆关系，人类天生就是一种群居的动物，没有人能够离开他人独立生存。有的人生来就拿了一手烂牌，但即使是一手烂牌，也不要放弃。想要为孩子康复创造好的环境，若不能改善关系，解决方案往往只是治标不治本。

所有的关系都是双方或多方共同的事情。既然是与他人有关的事情，就会有付出与期待，也就是说，所有的关系都存在一种利益上的交换，包括母子母女关系。

既然是双方的事情，那就不能在处理关系时，要求对方完全按照自己的意愿做出回应，而是要找到双方都能接受的点。这就需要足够的弹性。保持良好关系的前提是划分好彼此的边界。在处理家庭内部的关系上，就表现为需要柔情。

所谓不迁就，通常都是按照既定的原则来处理孩子的需求，同意不需要理由，不同意也不需要理由。不迁就可以迅速为孩子建立边界，是给予孩子能量的一种做法。这种做法没问题，在特定场景下，比如亲子关系还很紧张时，或者关系过于紧密无法分离时，这种做法是很合理的。但是，当场景发生变化后，这种处理方式就未必仍然合理。

一个家庭需要有权威式家长来确立规则，又要有人出面维护好气氛。既然须要维持气氛，那么规则就不能一成不变、过于刚性，而是要在特定情况下有所调整。

血缘只是一种纽带，爱才是亲子关系的核心。家长们要记住，我们不可能成为一个一百分的父母，但也不应该成为零分的父母。既然我们回不到起点，那就开始新起点。

4. 自卑与自恋

自卑是不安全感的源头，与自恋是一体两面的关系。适度自卑是成长的动力，克服自卑让人进步，但很容易变成自我攻击。

自卑源自人生的不确定性

自卑是很正常的东西，心理学大师阿德勒认为："如果在面对一个棘手的问题时，一个人感觉自己无能为力，由此产生的情绪就叫作自卑情结。"人生并不会总是按照我们设定的道路前行，偏离我们预期的种种意外是常态。自卑并不等于认为别人比自己强，而是觉得自己无法与别人不对等地合作。

回到潜意识层面来讲，自恋的背后就是自卑。一个人越自恋，他内心的自卑感就越强。叛逆是为了保护内心的自卑，如果从小对孩子的教育比较严格，孩子就不会向外攻击，也不会攻击自己。高自尊往往幻想自己有巨大的成就。

自恋是一个人成长过程中不可或缺的东西，自恋与自卑是一体两面的东西，适度的自卑是有益的，是成长的动力，同样地，适度的自恋也是有益的。过度自卑与过度自恋才会出现问题，最常见的就是亲子关系中的分离问题。父母对孩子的过度控制，在精神分析流派心理学意义上，属于过度自恋的范畴，它会导致孩子停留在以前得到关注最多的那一个成长阶段，家长也停留在全面控制孩子的那个阶段。这个分离问题可能跟家长没有做好与原生家庭分离的课题有关。

许多家长总是在愧疚因为自己的无知给孩子造成了这么大的伤害。家长感到担心和愧疚，实质上是觉得自己的能力太强大了，才给孩子造成伤害。夸大自己给孩子造成的创伤，也可能是自恋的表现。因为我们伤害他人的能力越强，就越表示我们有这个能力。如果不能放下自恋，潜意识层面就会残留继续伤害孩子的愿望，只不过表现为对孩子健康和安全的过度担忧。

　　自恋跟抑郁情绪有很大关系，孩子成绩好，家长不断赞美，他就会不断提高对自己的期待，这就是自恋的表现。当有一天孩子突然发现对自己的高期待已达到实现不了的程度，心态就容易一下子崩掉。

　　自恋不是坏事，如果自卑大于自恋，那么一个人面对问题时就会进入逃避或战斗模式；如果自卑小于自恋，他就会表现为高自尊。如果自恋跟自卑能够平衡，意识跟潜意识能够平衡，那么他就会是很谦卑的一个人，会表现得很阳光，在社会上很有人缘。如果没有处理好这种平衡，他就会在自恋和自卑之间出现极端化表现，最终产生心理问题。

　　悲情里面含有自我崇拜，每个人内心都会有自卑感，自卑感可以转化成自我崇拜，优越感是一种内心冲突的释放方式。每个人都有不为人知的一面，如果我们能很淡定地面对生活中种种不可言说的苦，不把这些作为一种悲情，内心就不容易有冲突，事情也就过去了。

适度自恋是内心能量的来源

　　每个人的成长经历中都会有一段全能自恋的阶段，先是觉得父母是无所不能的，再是觉得自己是无所不能的。长大的过程就是这种全能自恋消退的过程，当我们知道自己并不是全能的时候就会感到自卑。不能给自己简单地贴上自恋或者自卑的标签，这是一个人的心理成长过程中必然会有的，自恋与自卑是一体两面的东西。没有自恋就没有自信，没有自恋就不能建立优越感，同样，没有自卑就没有动力去成长自己。

　　孩子出现状况后，家长总会觉得当初要是知道了这些道理，孩子就不会是现在这个样子，这个愧疚感说到底就是一种自恋。当然，心理现象的原因很复杂，不能只用一个概念去解释一切，自恋并不能解释这些问题的全部。

自恋的人还有一种不合理的权利感，会唯我独尊，他们期待被优待，或者别人无条件地顺从自己的意愿，如果他们的愿望没有被满足，他们就会生气。被赞美成瘾是一种不合理的权利感，因为成绩好而在学校、在同龄人中获得的优越感就是一种权利，一种地位。当他突然发现能力支撑不了他自恋的时候，心态就崩掉了，自恋崩溃以后，剩下的只是孤独和悲伤。而这种自恋都是家长从小到大逐步培养起来。

自恋的人通常会对事物有独特的见解，能看见背后的许多东西，有很强大的优越感，对别人的冒犯很敏感，对自己的一些非主流的东西有强烈的自我合理化的冲动。比如，孩子不能正常上学，家长就会自我催眠，认为学习是一辈子的事情，孩子不一定就要完成学历教育。问题是，自己还真的信了。而孩子也一样，不能正常完成学历教育的孩子，也喜欢用比同龄人更深刻的见解，如哲学、神学等，来建立自己的优越感，但孩子仍然无法融入社会，交际圈通常也只在相似经历的那些人中，沉浸在自我的空间里。

自恋者的关注点通常是外表、职位、名誉等表面化的东西，他人一旦做出不符合自己预期的评价，他就会感到被冒犯，产生自恋受损后的愤怒，而且往往立刻翻脸。自恋者平时也容易愤怒、抱怨他人，觉得事事不公平，也就是通常所说的负能量满满。

家长不尊重孩子的情感，把自己的意愿凌驾于孩子之上。比如，让孩子在客人面前表演节目、要有礼貌等，都会给孩子造成自恋创伤。情绪一点就炸，基本上就是自恋创伤的表现。病耻感也是一种自恋创伤。

这些行为通常是为了保护内心的自卑而表达出来的对冒犯的过度敏感，实质上还是不敢面对自己内心的防御机制，它通过投射将这种内心冲突转移给别人，以避免个人情绪崩溃。转换、否定、置换、幻想、投射、合理化等是自恋创伤常见的处理方法，换句话说，

如果看到这些行为，就应该考虑是否存在自恋创伤，应该去探索行为背后的东西。

超越自卑

有关系就必然会有合作，有合作就会涉及对自己和他人能力的评判。对自己能力不足的信念是自卑的根源。自卑是每个人成长的原动力，把自卑导致的攻击性转向外部，用学习成长来消除自卑所带来的不安全感，就是超越自卑。

自恋创伤会使人陷入无尽的无助感，会让人觉得周围的一切都不受控制，感到恐惧。为了对抗自恋创伤，他会去追求全能自恋，试图控制他人，甚至通过让他人产生无助感来减轻自己的内心冲突。一个充满负能量的人会把对社会的不满情绪倾倒到自己家人身上，会在他能控制的地方寻找掌控感，而那个地方通常是他的家。如果事情没有达到预期，他就会感到崩溃，为避免自我崩溃，就会把所有的责任推给外界，永远不会觉得自己有错，以拼命维持自恋。

自卑或自恋是普遍现象，事实上，自恋与自卑互为表里，自恋就是自卑的外在表现，反之亦然。当一个人总能找到解决问题的方法时，他就可以摆脱自卑。没有人喜欢自卑，但不是每个人都愿意采取积极行动来自救的，很多人会通过自我催眠的方式来维持摇摇欲坠的自恋，继而让自己摆脱自卑。比如，让自己每天接受来自宇宙的能量、每天念诵所谓正能量的鸡汤文，或者做一些类似巫术的所谓心理技术等，努力让一切看起来合情合理，但只要引发自卑的原因还在，就迟早会以某种更加激烈的方式爆发出来。

当我们能够直面自己的自卑，接纳自己能力的不足，认识到自己和他人无论是什么身份、什么经历、什么年龄，都是优点与缺点同时存在的平常人，不会因为自己有能力帮助别人而自恋，也不会因为接受他人帮助而自卑时，我们就超越了自卑。

　　做公益是比较直接有效的超越自卑的方法。在公益活动中，参与者能够收获被人需要的价值感，同时也可以在更大的平台上发现自己的优势与不足，对自己的能力有更趋合理的评估，从而改变对自己的负面判断。当然，参加公益也很容易让一个人更加自恋，过于热心公益可能表示这个人的内心还有须要化解的冲突，这是需要每个参与者提升自我认知的地方。

　　美好是用来欣赏的，不是用来分析和解决的。不评判就是不攻击。这个世界上没有超人，每个人都有长处和弱点，当我们看到那些头上有光环的人背后也有一地鸡毛的无奈后，就不容易陷入自恋与自卑中，就能坦然面对世界，实现超越。

六、情绪

情绪是一个人因外界事物所引起的反应，通常表现为各种情感反应。很多家长会把情绪的强烈起伏视作洪水猛兽。任何人都有情绪，有情绪就必然会有起伏，没有必要对强烈情感表达所带来的不良后果反应过度。

1. 情绪是行为触发的反应

要讨论情绪，首先要了解情绪。情绪是某一事件发生后，由对这件事情的认知而引发的体验和反应。

情绪的类型

情绪 ABC 理论的创始者埃利斯认为，情绪困扰是因为不合理信念，如果不合理信念长期存在，情绪障碍就容易被引起。情绪 ABC 理论中：A 表示诱发性事件；B 表示针对此诱发性事件产生的一些信念，即对这件事的看法、解释；C 表示产生的情绪和行为的结果。也就是说，情绪是一种因为某一事件触发的、受认知支配的感觉，就是感觉加理性。

细分起来，情绪一般可以分为以下几种。

反应性情绪。情绪的正常功能是对发生的某种行为或事件做出反应，以便做好准备，采取有效的行动。比如，孩子的学习障碍所引起的家长情绪波动，是真实的情绪。引发情绪的事件是确定的，情感表达是这种行为自然演变的结果。

转移性情绪。这种情绪的产生不是因为某种行为或事件，而是因为反应性情绪不能被自己或他人接受。常见的有指东骂西，例如，有些家长不允许孩子愤怒，于是孩子不敢直接表达愤怒，而是以家长可以接纳的悲伤等情绪来代替，久而久之，孩子便会在应当表达愤怒时，表达了悲伤，这就会导致家长对孩子的情绪进行误判。家长做不到对孩子真正的共情，很多时候原因就在这里。

适应性情绪。这类情绪一开始是对环境的适当反应，但事过境迁，家长仍旧沿用过去的情绪来适应现在的情境，这实质上是一种退行。比如，孩子小时候用努力学习来解决情绪问题，长大后就容易通过过度学习来处理情绪，家长在孩子出现问题后的过度学习，大多也缘于此。

工具性情绪。这是指一个人用来影响他人以达到目的的情绪，这是一种控制和对抗控制的方式。比如，家长让自己持续沉浸在悲伤情绪中以寻求支持和同情，其实是为了逃避责任，这在家长中是很常见的现象。在各种家长互助平台交流时的过度自我暴露，就是这种情绪的表现。

承受性情绪。这是因为承接了他人的情绪而表现出来的情绪。比如因网络事件而产生愤怒情绪。这种情绪其实还是有迹可循的，但与本人是否经历过无关。相对来说，有自我认知偏差的人更容易受外界的影响而出现这种情绪。

知道这些特征，我们就可以在面对情绪波动时，首先判断自己的情绪属于什么类型，然后再根据不同情况进行处理，这才是真正的共情。这种心理技术可以为预测、预防和处置情绪波动提供支持。

情绪的处理

情绪是有益的，可以把内心冲突表面化而让更多的人看到。如何处理情绪是需要家长掌握的知识点。

情绪实质上是某一件事件引发的感觉，如果我们在处理情绪时，

只关注引发情绪的某一件事，未对所引发的情绪进行处理，那我们实际上是在强化或抑制这种感觉。感觉不会凭空产生，也不会凭空消失，那么问题来了，情绪会去向哪里？这些未被处理的感觉往往会进入潜意识中。解决事情相对比较容易，但感觉未被有效处理的话，就会固着在内心，以后遇到类似的人或事时就会被重新激发。这也是为什么人会对某件事情或某个人有莫名其妙的好感，或者一件小小的事情会引起巨大的情绪反应。当负面情绪大量被积压在潜意识中得不到释放时，心理障碍的出现只是一个时间问题。

负面情绪包括焦虑、抑郁和愤怒等。焦虑由一种不愉快的感受加上一个"糟糕的事情即将发生"的想法组成；抑郁情绪由一种不愉快的感受加上一个"糟糕的事情已经发生"的想法组成；愤怒包含了一种不愉快的感受和一个摧毁某人或某事物的想法。这些情绪可能基于现实，可能基于幻想，或者同时基于两者。

遇到情绪波动时，要根据不同情况选择先处理事情还是先处理感觉。通常，事情是可以通过理性来处理的，相对比较简单，而感觉是非理性的，同一件事情在不同的人心里引发的感觉是不同的。家长很难完全感受孩子内心真实的感觉。所谓善解人意，解的就是感觉。常见的情况是家长会用一堆大道理来分析事情的对错，忽视或者没有意识到真正需要处理的是孩子的感觉。这种情况不仅常见于亲子关系，也常见于夫妻关系乃至社会上各种关系。

认识到这一点，就可以解释清楚很多东西。当孩子回家抱怨学校时，家长往往只关注引发孩子不满的事情，并没有关注孩子的感受，所以会用一些理由来解释这些事情的合理性。建议此时家长要先处理好孩子的感受，而事情的是非对错，孩子心中其实是有数的。孩子的感受得到处理，这件事情自然就会得到处理。如何合理引导孩子的感受，这就需要家长学会一些方法，比如先跟后带等，这些能力可以通过学习方法论来获得，如正面管教、非暴力沟通，等等。

所谓童年阴影，实际上都是感觉没有得到处理造成的。婴儿没有自主意识，但并非没有感觉，他们未被处理的感觉会进入潜意识，成为他们一生的灵魂烙印。

情绪不会因为压抑而消失，只是被隐藏了，而且总会有一天以更加猛烈的方式爆发。与其做个无论何时都能控制住自己情绪的人，不如去做一个情绪不够稳定但很真实的人，允许自己有情绪，允许自己崩溃，远比拼命压抑自己情绪的所谓成熟更重要。

2. 能量

能量来自对人生意义的掌控，人生的意义在于对环境的掌控感和有尊严的疲惫感。缺少了掌控感或失去了努力的目标，就很难具有充足的能量。

能量就是一个人的定力

可以这样理解，能量就是自己的情绪不受外界影响的定力，就是能在显示自己与众不同的同时，不给别人造成伤害，能够把别人不接受不理解的体验平静地表达出来，这就是勇气和担当。

一个人遇事很淡定，或者很有活力，还会让与他交往的人也变得淡定或者活泼起来，就说明他有很高的能量。能量高就是定力强，能量低就容易出现定力不足，容易被外来的东西影响。当然，这种能量通常是指正能量，是让人趋向正面情绪、行为的能量，不是使人陷入负面情绪的能量。

获得高能量是我们大家学习成长的目标，很多方法都可以让自己获得这种成长。一个拥有高能量的人，大致需要必要的知识储备、经济基础、社会支持和经验，等等。

有必要的知识储备就会胸有成竹，遇事不慌，可以更好地认清自我，真正看清问题出在哪里，找到有效的解决问题的方法。这些都是需要通过学习来获得的，哲学以及宗教的一些教义是作用于认

知层面的，它们发挥作用通常需要一段时间，心理学、医学知识是学习的重点，但社会上虚虚实实的培训满天飞，要学会甄别。

有必要的经济基础就可以满足解决问题所需的基本物质条件，不会让人轻易对未来感到恐惧。当然，所谓必要，一是要让家庭的生活能够维持在稳定的水平，不至于因为孩子而使家庭经济情况出现严重滑坡；二是能够给孩子托底，这个底是保证孩子当前以及未来一段时间的基本生活，这对孩子走出困境是很重要的支持。

有必要的社会支持可以让人获得信心。家庭突然遭遇危机，比较常见的情况是家长会向周边的亲朋好友隐瞒情况，也就是说隔离了社会支持。这个时候参与一些由公益组织开展的家长同伴互助活动，通过一起学习、相互交流，获得全新的社会支持，这是处于困境中的家长主要的能量来源渠道之一。

有必要的经验使人有解决问题的技巧，并具有整合运用各种资源以解决问题的能力，能够从容应对遇到的事情。建议家长多参与各类同伴互助公益活动，多分享自己的做法和效果，听听其他家长的经历和建议，从其他家长那里获得经验。

家长得知孩子出现问题后缺少能量和产生焦虑，是很合理的现象，这些也是家长需要重点学习的。

负能量是一种自我保护天赋

负能量是一种趋向保守的能量，是一种防御、退却机制。当我们面临重大威胁，而我们的能力还不足以直面挑战时，防御与退却就是当时最合理的选择。对于家长来说，这个时候如果一味强调正能量，要自己和孩子以积极、乐观、主动的心态迎接挑战，其后果恐怕是刻骨铭心的。无须排斥负能量，允许自己在负能量的保护下，尽可能让自己的不良情绪得到释放就行了。

了解一些心理学知识后，我们有时会被颠覆认知。当孩子情绪低落时，家长要做的不是让他振作起来，而是用自己的安宁来陪伴孩子，当不知道该说什么的时候，不必交流，甚至共情也是不必要的，倾听就好。如果孩子出现情绪的剧烈波动，就用自己的平稳来接住孩子的情绪释放。此时，任何试图给孩子正能量的做法，对于孩子来说基本上都是攻击，是伤害，是不接纳。不恰当的表扬，对于孩子来说往往是一种负能量，是家长用优越感发起的攻击行为。

我们不是来拉孩子走向光明的，而是来陪孩子度过黑暗的。这就是为什么对处于抑郁、亲子冲突状态下的孩子，家长务必要学会闭嘴，做到不指导、不鼓励。但很多严重焦虑的家长是做不到的，总是忍不住要去指导、要给予正能量，在这种场景下，正能量并不是一个好东西。

从成功中学会成功

失败是成功之母，但成功只能由成功来播下种子。要给予孩子信心，首先要让孩子成功，哪怕只有一次微不足道的成功。

挫折和失败是每个人成长路上的平常事，只有体会到成功的喜悦，才能激发一个人追求成功的愿望。如何才能做到这一点？尤其是面对一蹶不振的孩子，让自己和孩子产生成功的感觉，确实不是一件容易的事情。

设定合适的目标，对于收获成功，是很有意义的做法。如果家长直接把目标定位在孩子康复、自己成长等这些大的目标上，就很容易在实现过程中遭遇挫折，失去成就感。如果只是定位在一些小事情上，如去网红地点打卡、与朋友聚会等，就容易收获"小确幸"。这种每天都可以实现的开心事积累起来，自己的心态就会在潜移默化中出现变化。即使某个目标没有实现，也不是什么大不了的事，自然也不会有多少挫败感。

还有一个办法是转念。孩子黑白颠倒不能出门，至少他还能在白天好好睡上一觉，家长白天出门做事可以不用为他担心；如果孩子每周只能上一两天的课，至少这一两天他去学校了；就算是孩子

的情绪又低落下来，至少它还上升过。总之，把当下的一切与最坏的时候相比，总是能找到成长的点点滴滴。即使当下是最差的状态，比如孩子被强制送去住院了，也可以庆幸自己终于不需要考虑太多，接下来只要一心一意地配合治疗就可以了，而自己也可以一心一意地去成长了。当然，这需要家长有强大的内心力量，需要通过学习、同伴互助等来逐步获得，更可以从挖掘生活中的"小确幸"做起。比如：每天早起半小时，出门去跑跑步，随手拍个照片发朋友圈；傍晚与家人或朋友一起散个步，跳跳广场舞。总之，让自己离开气氛压抑的家庭，从外面汲取能量，是最简单的办法。

家长专注在自己的世界里，可以把以前的爱好捡回来，或者发展新的爱好。能够与孩子产生共鸣的爱好自然是首选。有爱好的人可以随时把自己从当下的生活中抽离出来。如果能够从头开始学习一种新技能，那么克服困难的过程就能够给予孩子更大的信心。

至于孩子，只要家长能放下，他就能放下；只要家长能够收获成功的喜悦，他就能感受得到。家长的自娱自乐就是在为孩子树立榜样，能够吸引孩子，行不言之教。

我们要学会看见成功，不要去寻找障碍。如果发现了障碍，不是要去消灭它，而是要学会与之和平共处。我们要学会制造成功，哪怕只是微小的成功，积累下来就能给家庭氛围带来巨大改变。

3. 交流不畅的背后是情感隔离

有人对配偶、孩子疏于陪伴，理由是自己工作忙。而在潜意识层面，可能是反过来的，正因为与配偶、孩子存在情感隔离，所以以工作忙为理由实现自己不想陪伴家人的愿望。

没有话说是因为回避交流

家长应该把自己的真实想法向孩子表达出来，只不过要学会把这种表达控制在只表达自己的想法，不把这种表达带上攻击性，变成一种要求。能够喜欢孩子的喜欢，是改善亲子关系的不二法门。家长可以不喜欢这件事，但不能因为你不喜欢就不允许孩子喜欢，同样不需要因为孩子喜欢，家长就必须喜欢，学会欣赏就行。

孩子能思考就是一种价值，家长与孩子交流时应当学会败下来，让孩子战胜自己。无论孩子具有怎样的认知，都是正常的，不是问题，因为孩子还没有进入社会，自然无法理解现实生活中的各种现象和情况，他的所有的认知和想法都是符合孩子阅历的，是合理的，需要充分的尊重。孩子的认知往往没有问题，有问题的是家长对不符合自己愿望的事物赋予了怎样的信念。如果家长对孩子的认知赋予非白即黑的信念，就是一种退行。此时的退行也是合理的，是内心力量不足时的防御机制，但它不能给自己和孩子提供正向支持。

因为不知道跟孩子说什么，就回避与孩子见面，这种现象很常见。家长对孩子无话可说的时候，如果双方可以坐在那里各想各的，各做各的，也挺好。有情绪就共情接纳，有问题就给经验给经济支持，总之不评判。想做，总有办法；不想做，总有理由。

夫妻之间的疏于交流，往往也是因为回避交流，尤其是遇到需要共同面对的事情时。因为无法面对自己无能为力带来的恐惧，所以才会回避需要提出解决方案的交流。有时候夫妻之间的相互攻击，同样也是在回避交流。如果一方有足以解决问题的方案，就能够一起讨论如何具体实施；如果没有，那只能讲些大道理，用战略上的自信来掩饰战术上的自卑。

夫妻吵架是因为需要隔离

夫妻吵架是很常见的现象，只要能有效管控后果，对于增进关系往往是有益的，所谓小吵怡情。当然，经常吵架无论如何都不是好事，大吵大闹更是对家庭关系的严重破坏。

冷战是一种对增进关系的回避，当一方不愿意另一方进入自己的内心时，吵架就会以冷战的方式出现。拒绝接纳对方时，通常也

会以这种方式进行隔离。相敬如宾不是正常的夫妻关系，表面上来看大家相安无事，但内心始终在避免接触，这在夫妻双方差距较大、一方比较强势时较容易出现。经常见到的情况是一方认为对方没文化、没能力，潜意识层面看不起对方，二人相互之间无话可说，遇到重大事情也不与对方商量，自行做主。

夫妻之间的吵架、冷战或者相敬如宾式的冷淡，大多是在隔离一些东西，不愿意暴露自己心中的卡点，如鄙视。这种隔离往往会投射给孩子，让孩子在氛围中无所适从。孩子的自我封闭在很多时候，都是这种夫妻关系影响的结果。

当孩子希望家长离异时，家长应该意识到，是夫妻关系的紧张影响了孩子对家庭的期待，而不仅仅是因为某一方与孩子的关系不好。没有一个孩子是希望家庭解体的，他的这种想法在很大程度上是对改善亲子关系的期待长期无法满足后的反向形成，如果只是把解决问题的关注点放在改善亲子关系上，是无法从原因层面解决这个问题的，需要从改善夫妻关系入手，逐步解决亲子关系的冲突。只是，"冰冻三尺非一日之寒"，家长需要在做好孩子情绪安抚工作的基础上，同时着手夫妻相处模式的调整，并对孩子的极端行为要有预案。当孩子以极端手段要求一方或双方离家时，一方面要坚定地告诉孩子，这个家是全家的，任何人都可以留在家里；另一方面要视孩子的情况，在确保安全的前提下有一定的灵活性。

正常的夫妻关系及家庭关系，都是人间烟火气里的一地鸡毛，没有必要追求高大上的生活方式，只要全家人在一起，吃饱穿暖，开开心心，就可以了。世界那么大，永远走不完，幸福的本质是安宁祥和、微笑喜悦，而不是天天快乐无比的那种情绪飞扬。

4. 焦虑与恐惧

适度焦虑与恐惧能让人保持警觉和成长。激发智慧可以降低焦虑、恐惧的程度，这也是冥想等正念方法发挥作用的原理。

与焦虑和平共处

焦虑源自对未来不确定性的恐惧，一个人面临可能超过自己能力控制范围的东西，心里难免会发慌，会担心出现各种失控。焦虑并不一定都是坏的，很多时候反而有一定的正向作用，如果没有焦虑，我们也不会去学习、成长。

焦虑往往基于能力与期待的差距。孩子在家里与家长有冲突，很多时候并不是抑郁而是焦虑所造成的，抑郁的孩子往往都很安静。拖延症实际上就是自己不想做这件事情，但又不得不做，才会拖延，这跟焦虑关系不大，但拖延会加剧焦虑。

既然焦虑源自高期待，降低期待或许是最好的办法。不是每个孩子都能考上清华、北大的，985、211高校之所以被追捧，就是因为其稀缺性。每个人都本自具足，是解决自己的问题的专家，只不过这一点被焦虑过度掩盖了，才会觉得自己能力不行。

过度学习是焦虑最明显的表现，高考前的冲刺是典型的焦虑正向作用表现。重大考试前心理问题多发的根源在于孩子对自己的不恰当认知，孩子觉得自己能力很强大，但是遇到具体问题时发现自己的能力不够且没办法解决，就容易产生负面的预期，于是为避免失败，孩子宁可不去成功，这就是所谓"阉割焦虑"。

如果焦虑是有明确指向的，比如因为明天要考试而充满焦虑，这往往是容易处理的。如果是没有明确指向的广泛性焦虑，处理的时候就会有无从下手的感觉。通过学习，家长不仅要能看到焦虑，还要能看到背后的需求，共情到孩子内心真正的卡点上，才能找到解决的方法。

焦虑不是坏的东西，过度焦虑才是，根本没有必要也没有可能完全消灭焦虑，对恐惧的恐惧是更大的恐惧，对焦虑的焦虑是更大的焦虑。直面焦虑才能放下焦虑，要学会与焦虑和平共处。

赋予恐惧正向的意义

恐惧可以是三种不同感觉的总称，那就是兴奋、不确定和压力。恐惧往往来自安全感缺失，自己被想象出来的某个结果吓到了，而这种想象往往来自内心未被看见的卡点。比如，社交恐惧往往来自小时候的某一次糟糕的当众发言表现，或者是因为家里来客人时自己行为失当而被家长批评或嘲笑，等等。如果这个卡点没有被处理，孩子长大以后遇到类似的场景，就会不由自主地发抖、出汗，这些都是恐惧的表现。

恐惧是人类的原始本能之一。给恐惧赋予什么样的意义，这才是最重要的。如果觉得没必要，或者觉得能从中得到一些好处的话，就不会有很多动力去消除它。当恐惧是被允许的，就没必要提醒自己恐惧是不好的，更没必要假装视而不见。把恐惧暴露出来，看见了恐惧的原因，这个事情就过去了。如果缺少恐惧，即所谓无知者无畏，缺少对现实、对问题的敬畏之心，就容易有"撞了南墙也不回头"的执念。

我们往往对别人给予的负面评价比较敏感，因为这种负面评价涉及的通常是我们渴望得到但得不到的东西，否则的话，我们就懒得去理它了。就像契诃夫的小说《小公务员之死》所讲的，一个小公务员在剧院看戏时不小心冲着一位将军的后背打了一个喷嚏，便疑心自己冒犯了将军，他三番五次向将军道歉，最后惹烦了将军，在遭到了将军的呵斥后竟然一命呜呼了。因为这个小公务员心里觉得将军对冒犯很重视，他基于想象产生恐惧，并因为焦虑而觉得自己应该做些什么，其实将军根本没有将这等小事放在心上。

看不到未来的时候，恐惧就会自动占领我们的内心，也就是说，恐惧是在我们向前看时产生的。臣服当下，就是放下恐惧，就是在努力看清未来。

减少恐惧的方法

我们虽然会被特定的恐惧困扰，但很少会主动采取措施去消除它，一是因为我们不能直面潜意识里的伤害记忆，二是因为恐惧可以让自己避免直面很多事情。

家长不敢跟孩子说话，是一种恐惧，可能是以前家长的某句话没说好，引起了孩子非常强烈的反应，导致家长还没有从这种恐惧的阴影中走出来。事情解决了，但感觉还在，这些是很正常的。家长对孩子的病过于看重，就容易夸大孩子病中的某些表现，就会把恐惧投射出去，加上自己想象出来的东西，来印证自己的判断，从而让自己更加恐惧和焦虑。家庭氛围好了，孩子状态改善了，心里就会有安全感，恐惧就会明显减少，还可能会自动消失。

抑郁的孩子往往都是因为缺乏安全感而回避社交。社交恐惧通常不是因为恐惧而不能社交，而是本身就不喜欢社交，社交恐惧给了他非常好的理由，可以合理回避一些特定场景，不用开展无谓的社交。家长只在社交方式方法上努力，是解决不了问题的。如果叠加了休学等因素，孩子更会因为病耻感而放弃一切面对面的社交，甚至包括与父母之间的交往。这本来就是抑郁症的特点之一，无须担心，也无须做特别处理。没有面对面的社交并不意味着孩子没有社交，网络上的交流其实也是社交的一种方式。当然，白天大家都有自己的事情，社交无法正常开展，晚上自然就会捧着手机不放。

只要孩子的能量增加了，或者有强烈的需求，社交恐惧就自然不会成为阻碍，很少听说社交恐惧导致孩子不能出去追星的。有一点社交恐惧，不喜欢外出交际，也很正常。喜欢一个人独处，是高能量的体现。一定要解决问题实际上是在自我暗示，时刻提醒自己问题的存在。比如，一个有严重社交恐惧症的人要在台上讲话，他时刻提醒自己克服恐惧，这虽然是正向提醒，但也是在反复自我暗示——恐惧是不合理的情绪，结果往往强化了恐惧。没有经过专业训练的人，是很难完成正向暗示的。

　　恐惧症目前已有比较成熟的心理疗法，比如 CBT 的暴露疗法。对特定场所的恐惧还可以通过 VR 眼镜来进行治疗，风险可控，效果比较明显。

　　每个人或多或少都会有些心理问题，只要这些问题不影响我们正常的社会功能，不影响我们正常的生活，接纳、允许就好，无伤大雅。

重塑自我

认识关系中的自己

CHONGSU ZIWO

知不知，上；不知知，病。夫唯病病，是以不病。圣人不病，以其病病，是以不病。

——《道德经·七十一章》

一、爱的艺术

爱是一种本能，家长从来不缺爱孩子的能力，只是受各种因素影响，在爱的表达上出现了偏差。家长通过学习，回归家长角色，学会正确地表达对孩子的爱，这就是心灵成长。

1. 爱就是处理关系的艺术

爱是人类最美好的情感，爱的定义有无数种，这里不讨论诗人或哲学家等大师对爱的表达。对还在黑暗中挣扎的家长来说，如何理解爱、如何执行爱，更为重要。

爱是有安全感的依恋关系

要把爱放在关系的大框架下来解读。任何关系都是双方或多方需求的满足与被满足，爱是处理关系的一种方式，通过满足彼此的需求来让相处更加轻松。需求被满足能让一个人感到幸福，而幸福就是让自己开心、让别人舒服。

爱是一种依恋关系，是让彼此有安全感的关系。爱情就是比较典型的依恋关系：两个人在一起会很安心，今天见了明天还想见。从这个角度去理解，爱孩子就很简单，就是让孩子对家长、对家庭有依恋、有安全感。离开关系来讨论爱，就像讨论鱼在树上能不能活得更好一样，家长的一厢情愿只会让孩子感到窒息。

亲子关系是一个人的各种社会关系中紧密程度最高的关系之一，家长得为孩子和家庭的未来承担责任，难免被孩子的一举一动

牵动。完全地、心甘情愿地放下对孩子的期待和担心，实际上是完全不可能的。关心则乱，家长完全没有必要为做不到"放下"而心生内疚，不要对自己说"我应该的""我是最棒的""我可以的"。这种鸡汤式的自我激励只适用于最无助的时刻，用来让自己保持成长的信念。虽然这种自我催眠能让人获得信心，但没有真正放下，这一切就都是假象。

家长不可能完全放弃对孩子的关心，但一关心就容易去指导，一指导就容易跟着孩子的情绪走。有些家长之所以不知道怎么去跟孩子交流，就是因为情绪被孩子带偏了，担心表达不当会引起孩子的情绪波动。这种场景在孩子状态有所改善时更容易出现，此时家长一方面很难抑制内心的蠢蠢欲动，希望孩子康复的速度更快一点；另一方面由于自己的能量还不足以完全接纳孩子的情绪，所以会担心自己应对不当又让孩子回到过去的状态。家长应该看见孩子的努力和成长，而不应该因为孩子的痛苦而试图按自己的意愿去缩短这个过程，更不应该把自己置于孩子的情绪之中而感到痛苦、焦虑，这样的状态如何能让孩子对家长、对家庭产生依恋和安全感呢？

做不到并不意味着可以不去做，以达到最高标准为目标，可以让我们在努力过程中收获更多，不断通过学习让自己成长，从而改善家庭氛围，为孩子创造好的环境。家长要把放下当作一个目标来追求，持续实践，只有这样才能收获更多的好处。

家里所有人都对家庭问题有责任，但是改变现状找回幸福的责任人只有自己，不要从其他人身上找原因。只能由家长来引领孩子，不能让孩子为家长的责任与期待买单，更不能把孩子的行为退缩理解为家庭状态改善，这种分寸的把握对家长的智慧是极大的考验。

爱是一种需要学习的能力

爱是人与生俱来的本能，但是，以合适的方式表达爱，是一种需要学习的能力。合适与否需要家长进行决策，需要放弃一些东西。当支持决策的资源如自身内在的能量、情绪控制能力、知识储备、以往的经验不足时，决策就很容易出现偏差。很多家长在这几个方面都是欠缺的，受当时的认知、能力所制约，不能合适地表达爱，这是很正常的。

关系决定一切，人活着就是维持各种关系，维持关系的方法就是合理设定边界。记得一位心理学专家说过，边界说到底就是愧疚感与牺牲感的平衡点。

爱，少了不行，多了也不行。好孩子是管出来的，坏孩子也是管出来的，过度要求不合理，把自己做不到的要求强加给孩子更不合理。把握好管教孩子的分寸确实很难，这就需要家长不断学习。

很多家长会问关于零花钱的问题。亲子关系紧张阶段，家长可以严格控制孩子的零花钱，关系改善后看情况处理。零花钱不要管得太细，可以和孩子约定个数额。很多孩子都有过乱花钱的阶段，计划内的不问孩子用到哪里，计划外的可以和孩子协商一致后尽量满足孩子。我可以不喜欢二次元的东西，但我喜欢孩子喜欢的样子，我愿意为孩子的喜欢买单。不能因家长喜欢孩子就必须喜欢，也不能因为家长不喜欢孩子就不能喜欢，反过来也一样。提供经验是家长的责任，但家长的经验也仅供孩子参考。花点钱就能买到孩子的快乐，太值了。

孩子要钱也可能只是在试探家长的爱或转移未被满足的需求。愿意为孩子花钱也是一种爱和智慧的体现。在钱上太分明，尤其是故意以家里没钱为理由拒绝给孩子零花钱，除了培养孩子的自卑之外没有任何好处。家里有没有钱，孩子是感受得到的，给不给钱、给多少钱都不是问题，重要的是给钱的方式。对于孩子不切实际的金钱需求，家长要探索其中原因而不要仅凭"我认为"就予以否定。并不是孩子所有的金钱需求都要满足，否则会让孩子的索求变得无节制，他将搞不清楚家长的底线在哪里。家长不妨开诚布公地与孩子谈谈经济问题。反复告诉孩子家里很穷并否定孩子的金钱需求，

只能增加孩子的自卑感而不能培养孩子的自律。

是否要把很多事的决定权交给孩子，要看具体情况。不同年龄段的孩子有所不同，大一些的孩子有自己足够的认知，让他自己决定自己的事，没什么问题。对于十几岁的孩子，家长突然把一切交由孩子自己决定，这种180度的态度大转变，会不会被孩子理解为一种放弃？家长可以学习一些非暴力沟通、PET父母效能训练之类的技巧，学会先跟后带，先跟上孩子的节奏，然后以适当、自我设限的方式轻轻推孩子一把，推不动就立刻缩手。

理解什么是爱，只是第一步，如何以合理的方式表达爱，是需要学习的。万事万物由众多因缘和合而成，家长需要审时度势，接纳当下，不放弃，因势利导地精进做事，没有必要为自己的不成长感到焦虑。因缘适合，就尽力去做，暂时不具备条件，也平心静气，先练好自己的内功，促进机缘到来。家长可以学会"躺平"，也就是让自己松弛下来。成长的尽头是"躺平"，没有成长，是躺不下去的，别人在爬山，自己在山下看风景，也挺好。

学会爱的方法

了解自我才能了解他人，有爱才会相互依赖。从方法论角度看，爱就是关心、接纳、陪伴、坚持，家庭内部的各种关系是以了解为基础的关心、相互依赖、信任和承诺。

要向对方呈现爱，首先要能控制好自己的情绪，然后平静地表达自己的感受。共情并不是要完全理解对方、完全与对方感同身受，而是要探索对方情绪、行为背后的需求，以及对方的需求是如何形成的。看见了对方，接纳、允许就是顺理成章的事情，无须刻意而为。我们最终是要学会影响对方，扩大对方的世界，帮助对方确立优越感，而不是试图去改变对方，把对方纳入某个既定的规范中，帮助对方修正缺点。最重要的是，这一切须要建立在真诚的基础上，离开真诚，一切都是沙滩上的建筑，经不起风浪的冲击。

关系大于一切，爱是相处不累的关系，能够让彼此的互动更加轻松，要在爱的基础上来考虑如何用爱来提升孩子的能量，而不是相反。关系决定一切，但并不意味着只有非常好的关系才能幸福，维持一种温馨、稳定的关系，偶尔让负面的情绪自然流动，也是关系建设中不可或缺的补充。

先有行动，爱的言语才有力量。共情就是快乐着你的快乐，幸福着你的幸福，而不是试图从对方的角度看问题，能做到自然最好，做不到，也不代表不能共情。家长不要用剥夺孩子快乐的办法来缓解自己的焦虑，不是孩子喜欢的东西家长也要喜欢，而是家长要愿意为孩子的喜欢买单。

孩子在宣泄情绪时，任何试图解决问题的想法都只会让问题更复杂。不批评孩子的行为，而是要引导孩子增加能量。引导的方法很简单，让自己从场景中抽离出来是第一步。学习只是提供了寻找解决问题的方法的途径，并不是解决问题的方法本身。只在途径上打转，往往是在拒绝直面自己的内心，是在防御这些方法。

试问家长，有多少时间没有发自内心地对孩子微笑过了？要先用心去重建家庭内部的关系，重建与孩子的依恋关系。关系改善了，爱就自然流动起来了。请相信，家长最原始的本真的东西，才是孩子最需要的，其他的都是外加的。

2. 爱孩子与爱自己

爱的基础是彼此之间的信任，没有信任就没有爱。信任就意味着对方的行为是可以预测的，相互是可以依赖的，不能相互依赖的关系就是没有爱。更重要的是，信任是一种基于心心相印的持续的行为，并不只是因为某一句话、某一件事就相信了对方。

爱自己是家庭关系的内核

在所有的社会关系中，最重要的就是自己，如果没有自己，整

个世界对于"我"就是不存在的。家庭内部最重要的是夫妻关系，没有夫妻就没有家庭，亲子关系的重要性是排在夫妻关系之后的，夫妻和孩子组成了家庭。往后才是父母、兄弟姐妹，再往后就是亲戚、同事、朋友等，重要性依次递减。

要学会理顺家庭内部的关系序位，上一序位的关系缺失了，就会从下一序位的关系中找一个替代，或者下一级自动替代上一级的角色。把心收回来，活出自己的精彩，整个家庭关系就有了持续、稳定、快乐的内核，孩子在家庭内部就可以学会快乐，学会应对社会上的各种压力，这就是给孩子赋能。如果家庭氛围不好，孩子就学无榜样。为什么现在特别多的孩子追星？就是因为孩子觉得明星活得那么精彩，是他们的榜样。但明星对他们来说太遥远了。最能影响孩子的其实是家长，可现实是孩子觉得能在家长身上学到的东西真的不多。

我们自己也是从小被教育要做这个、不要做那个，要好好学习、天天向上，要做五好少年。如果我们无论多么努力，都不能达到父母和老师理想中的优秀，那心中自然会产生愧疚与焦虑。当我们有了自己的孩子后，这种焦虑就会投射到孩子身上，想让孩子来实现我们没有达成的目标。

家长不需要教会孩子什么是合理的，只要把合理的事情在自己身上展现出来就行。家长可以失败，可以有缺点，让孩子看到家长是如何接纳自己的，就可以了。当家长放下焦虑后，就可以为孩子卸下很大的压力，让孩子不再有后顾之忧，可以全力以赴面对学校、社会上的压力。让孩子成为家庭的中心，不让他吃苦，他看到的是家长对自己的不在乎，看到的是对苦的不接纳，就很难从父母身上学会如何面对社会，就无法建立面对挫折的勇气。

允许自己不完美，从根本上来说，就是让自己放下对这种不完美的焦虑。毕竟当今世界上不存在完美的人，他们只存在于想象中。让自己做好一个家长，而不是做一个好家长。要知道自己还有缺点，允许自己有缺点，并不会让缺点变得越来越多。

家长把自己做好了，夫妻关系就不会有什么问题，家庭关系也就不会有什么问题。家庭充满快乐，全家人特别是孩子就不再需要去扮演某个角色，就会展露出自己的本性。只要今天比昨天好，就可以相信明天一定会比今天好。

爱自己就是允许自己不成熟

所谓爱自己，并不只是让自己吃好一点、穿好一点，或者去买一些很贵的包和化妆品，而是放下自己在跟其他人交往过程中所表现出来的各种不完美。无须纠结，更无须愧疚和道歉。

与自己相处，就是与自己的潜意识和平共处。只接受优点，不会让缺点消失，缺点只会被隐藏；消灭贪念本身就是一种贪念。要允许不美好的事情发生在自己身上。允许，就是觉察；不允许有缺点，就是我执。

让自己快乐起来有很多方法，社会上也有很多的培训，可以挑一个适合自己的。一些人成家后就把心思放在家庭上、放在孩子身上，而忘了自己以前喜欢过很多东西。可以重新拾回成立家庭之前的兴趣爱好，该做什么就做什么，让自己找回当初的感觉。如果家长的爱好是孩子所擅长的，那么家长可以把自己放低，让孩子当老师，多向孩子请教，让自己在孩子的指导下持续进步，让孩子在家里就能获得存在感、成就感，这对于孩子是很好的能量来源。

允许自己做不到、有缺点，这才是真正的爱自己。不要期待自己成为完美的人，不期待自己是完美的丈夫、妻子，不期待自己是完美的家长。日子是不会通过服用某种灵丹妙药立刻就变成你期待的样子的，要学会接纳自己。在转变过程中，家长要允许自己做错事，允许家人不配合甚至对抗，允许自己退行，允许自己焦虑、绝望。我不完美，但我爱孩子、爱这个家，当孩子看到"爱自己"是什么样子，他就学会了如何爱自己。

爱自己就是遵循自己的内心做出决定，愿意并能够为此承担所有的后果，完全不需要因为他人的反对而违背自己的内心。只要我开心，家庭肯定就会开心，只要我好起来，孩子肯定就会好起来。只不过孩子目前还没有照顾自己的能力，需要家长的关心。这种关心不是只停留在生活方面，心理层面上家长也要充分尊重孩子。

把自己没有得到过的东西给孩子

把自己拥有的东西给孩子，这是父母的本能。自己有钱，就愿意为孩子花钱，这是天经地义的事情。而把在自己父母那里渴望得到但从未得到过的东西给孩子，阻断原生家庭的负面传承，这才是真爱。

要给孩子，首先得自己拥有，无论自己曾经有没有从父母那里得到过。应该从父母那里得到却从未得到过的东西，是不可能凭空给孩子的，这就需要家长自己成长，处理好潜意识层面的阴影。从对自我解剖中获得的东西，才能给到孩子。

自己没有获得过父母的尊重，又要给孩子来自自己的尊重，这是需要家长成长之后才能做到的。家长的成长不仅表现为知识的积累，还要有人生阅历的支撑，也就是认知、人格的成熟。国外有研究表明，父母的年龄对能否接纳、共情孩子起到很大的影响，甚至是决定性的影响。所以，家长无须为自己以往的经历愧疚，这是认知发展规律决定的。从现在开始，首先停止自己内心的冲突，学习如何尊重孩子，经历这个过程之后，才能真正给予孩子尊重。

家长要把自己没有实现的愿望与没有得到的爱区分开来。爱是关系层面的东西，表现为如何处理双方的相处，而愿望是自己的事情，与他人无关。比如，一些家长自己读书时因为各种原因成绩不好，没考上好的学校，就会对孩子的学习成绩有执念。虽然这与没有得到来自父母的帮助有很大关系，但更多的是因为自己。考上好学校是家长没有实现的愿望。没有得到父母的关爱，主要表现在与父母的关系上，这才是没有得到的东西。所以，不是给钱、给支持就是给了爱，爱更多的是一种心灵上的呼应，是两个人相处时的轻松愉悦，大多与物质层面的满足无关。

母爱也是一种交换关系

一直以来，母爱都被歌颂为世界上最无私的爱。从关系角度来理解爱，又有一个很"扎心"的结论。所有的关系，包括母子母女关系，从本质上来说，都是一种交换，爱是需要回报的。如果母爱是让孩子以优秀作为交换，而孩子一无所有，就只能以满足家长的期待作为交换资本。等孩子自我觉醒后，这一切就会变成强大的内心冲突。

家长通过学习，知道了应该接纳、应该放下，但遇到事情还是有各种各样的期待，还是会觉得周围没有能帮自己的人，有一种很无助的感觉，这时候，需要给自己一种虚幻的优越感来支撑自信心。这是因为家长内心的焦虑感很强，对未来充满了想象中的恐惧。这种恐惧未必是孩子带给家长的——孩子的情况只是触发因素，这是自己潜意识中的阴影被激发出来的产物。尤其是学了一些有关陪伴的知识后，学到了一些无条件接纳孩子、尊重孩子之类的教条，看到了别的家长在各种平台上"炫耀"的成长、成果，又会使自己因为没有取得预期中的成长而产生新的恐惧和焦虑。

爱是一种依恋关系，依恋关系是需要双方共同维护的，不存在无条件的爱。当孩子遇到危机时，家长要完全放下是不大可能的，心神不宁很正常，内心还是会有几分孩子好起来的期待，希望孩子能接收到，这就是条件和回报。认识到这一点，家长就无须再为没有把无条件的爱给予孩子而愧疚。没有无条件的爱，母爱同样也不是无条件的，没必要通过自我催眠的方式让自己变得"崇高"。

有些家长讲话声音很轻、很柔，这往往是内心力量不足的表现，这种声音很难给孩子力量。家长要先强大起来，愿意跟孩子一起共

同面对困难。两个人的力量肯定要比一个人的力量强。

3. 爱是给孩子更大的空间

本质上，爱就是扩大孩子的空间，就是为孩子对未来的探索托底。未来有无限可能，换个角度来看，无限可能就是不确定性。当一个人觉得自己的能力无法掌控这种不确定性，又无法获得稳定而充足的支持时，恐惧就产生了。

让孩子充满探索的勇气

小时候，孩子的活动空间在家长的精心呵护下被限制在很狭窄的范围内，这个不卫生、那个不安全，跟小朋友的交往也只限于一起玩玩具。稍稍长大一点就上了幼儿园、课外培训班等，小朋友起了冲突也不能通过孩子之间的打闹来解决，一切不卫生、不讲究礼仪的行为都是不被允许的。

在这种环境下长大的孩子，对于未知事物的探索是受到严格制约的，一切被家长视为缺乏安全的行为都不可能被实施。比如，对于黑暗环境，孩子充满了恐惧。如果家长带领孩子在黑夜走一趟僻静的小路（当然是在对治安环境充分信任的前提下），与孩子一起探索，孩子今后可能就不太会畏惧这种环境了。

家长的责任是为孩子搭建更大的舞台，鼓励孩子演好自己的角色。家长可以用赞美或批评来点评，赞美是对演员演技的认可，能增加演员对角色的胜任感；批评是对演技的不认可，并不是对演员的不认可。家长要让孩子知道如何演得更好，而不是把自己从观众变成导演，甚至试着直接改写孩子的剧本。一些家长试图做孩子人生大戏的导演或编剧，但没有一个孩子会愿意完全按照家长的指指点点来完成自己的人生。亲子冲突就是这样产生的，家长胜利了，输掉的是孩子的角色胜任能力。

家长不要限制孩子的探索，要鼓励并参与。鼓励可以让孩子有勇气对未知的事情进行探索，减少不确定性带来的恐惧；参与可以让自己及时发现问题，与孩子共同讨论如何解决，避免危险，孩子也因为有了依靠而充满勇气。当家长对孩子的探索意愿进行抑制时，孩子的好奇心并不会随之消失，而是会被强化。家长禁止的东西，只能让孩子产生更大的好奇，这种好奇如果长期被抑制，就会进入孩子的潜意识中，会在未来某个时刻爆发出来，原生家庭影响就是这个逻辑。

孩子在儿童及青少年时期的试错成本是最低的，不合理的认知也容易得到有效处理，但家长往往在孩子出现严重心理问题后才意识到这一点。亡羊补牢，犹未晚也。从现在开始，停止对孩子的不合理干预，而不是只停止对孩子所谓不合理行为的干预。托住孩子基本生存的底，给孩子最大的探索空间，这才是家长应该做的合理的事情。

让孩子感受爱

爱是要有一定边界的，更需要得到表达。当一个家庭的成员之间经常能够用某种仪式表达爱意时，通常这个家庭的孩子就不容易出现心理问题。

家庭成员可以经常在周末出去集体活动，或者用某种具有仪式感的方式，如节日活动、生日活动等，让孩子爱的表达有一个合理的渠道。日常生活中难免一地鸡毛，在这种氛围下问题也很容易得到解决，孩子可以从父母那里学会如何应对冲突、如何协商处理问题，这样，对今后遇到的问题孩子就有了可以参照的模板，这是安全感的重要来源。

家长对孩子表达爱意未必要无条件满足孩子的需求，有边界的爱才能够持久，合理的拒绝是建立爱的边界的第一步，也是重要的一步。孩子在婴儿期得到全面的照顾后，童年期就会一方面有独立的愿望，另一方面还停留在以往的认知中，希望自己仍然全部占有

父母。温柔地拒绝是最为合理的表达方式，孩子既不会因为父母的拒绝而感受到敌意，又能够通过家长始终如一的标准而获得边界感，这是孩子心灵成长的第一步。这里有一些常用的技巧可以学习，比如首先做到全神贯注地聆听孩子说话，再用"噢""嗯""我知道了"等来认同孩子的感受，并把孩子的感受用适当的词表达出来，以合理的方式如想象等来升华孩子的愿望。评价可能会伤害孩子，不要去评价孩子的意愿是否合理，让孩子的愿望得到升华才是合适的结果。

不要认为老夫老妻就不需要仪式感，夫妻的背后站着孩子，他须要学会表达。一个家庭如果长期缺乏爱的表达，孩子就很难学会把自己内心的想法表达出来，就容易陷入自恋，通过幻想夸大自己的能力。当孩子遇到现实问题时，就容易出现自恋破损，产生心理问题。这样的孩子即使长大以后也很容易陷入深度自恋，沉溺于外界的赞美，对他人的评价、冒犯十分敏感。如果他对自己的认知与他人对其的评价严重脱节，一旦出现自恋损坏，他就容易进入向外攻击模式。

只有被表达出来的爱才能被孩子感受到，才能让孩子学会如何表达爱。东方文明含蓄的特点，使得表达爱成为家长需要修炼的功课。

培养孩子的爱好

拥有不带功利目的的爱好对于孩子的成长至关重要。当孩子遇到无法发泄的情绪时，可以通过爱好将之转移。如果孩子拥有某种需要消耗体力的爱好，比如打球，那么就更容易在运动中释放情绪。没有什么情绪问题是打球解决不了的，如果不行，就再打一场。

爱好可以让孩子获得优越感，但孩子的爱好往往会受到家长干预，会被纳入课外培训中，被家长分为有益的和不值得的。孩子会被要求考级、被安排参加某种定期的培训等，这会让孩子对原本的爱好失去兴趣。

在让孩子在稻田里玩成"泥猴"都能上热搜、学校的体育老师提心吊胆生怕孩子受伤的社会背景下，孩子往往很难培养需要多人共同协作的运动类兴趣爱好，如打球等，因为多人运动难免会有冲突。而琴、棋、书、画等艺术类爱好，因为高雅与安全而受到家长欢迎。孩子即便参加各种探险类的户外活动，也通常是在家长陪伴下进行的。这就造成一个普遍的问题，孩子出现情绪问题后，无法通过与外界直接交流的方式向外转移释放，只能在一个封闭环境中自我化解。久而久之，孩子就习惯了躲起来自我疗愈，出现心理问题也就不足为怪了。

很多孩子都有绘画的天赋，但往往是在生病后，这个天赋才被允许作为释放情绪的通道，而平时孩子只能按某种既定的规则来刻板地画画、考级、考美术院校。当孩子沉溺于电子游戏时，家长是否能看到孩子除了游戏之外，还有其他获得能量的渠道呢？

没有游戏的童年是苍白的，当孩子的生活中只有各种程式化的学习，他就没有办法通过其他方式获得能量。培养孩子的爱好不仅是让他拥有一个快乐、丰富的童年，更是让他在未来生活中拥有除家庭之外的获得能量的渠道。

4. 处理好分离焦虑

孩子出现抑郁，很多原因都指向了亲子关系分离的课题。没有处理好亲子关系分离，不仅表现为过度亲密，还表现为过度控制，即家长对孩子事无巨细地关心。

孩子的成长过程就是与父母分离的过程

孩子出现严重心理问题，依笔者所见，单就亲子关系而言，基本上都是因为父母与孩子的分离出了问题。多数孩子并不缺爱，而是得到了过多的爱，感到窒息，或者说，是因为不合理的爱而出现

了心理问题。过高的期望带来孩子的无望；过度的保护带来孩子的无能；过分的溺爱带来孩子的无情；过多的干涉带来孩子的无奈；过多的指责带来孩子的无措。家长持续贬低孩子，会让孩子缺少主见，最终被家长控制，这就是情感勒索。反过来，孩子持续谴责家长，也可以视为一种情感勒索。

孩子的成长过程，就是一个与原生家庭分离的过程。刚出生的孩子没有任何能力在社会上独立，就会和母亲天然地产生关系，就会想办法来控制家长。孩子通过哭闹等各种方式实现对家长的控制，孩子一哭家长就会去抱他，就能满足他的欲望。随着孩子年龄增长，他会有自己的小伙伴，会形成自己的社会交往模式和社会功能。这个时候，家长就应该开始启动与孩子的分离，当然，这个分离的程度只能由自己根据情况去把握。家长不放心孩子在外面，非常精心、非常努力把他看管好，就会形成控制，这是基于恐惧的控制，是基于自己内心未被满足的需求的控制，这样的家长就无法实现与孩子的有效分离。家长用这种方式控制孩子，孩子反过来也会用这种方式控制家长，就会形成冲突。等到孩子进入儿童期、青春期，如果这种依恋关系依然过于密切而导致不能及时分离，孩子就容易出现种种心理问题。家长往往会成功地控制住孩子，孩子就容易因为习得性无助而放弃分离的努力，放弃提升自己的社交能力，退行到不需要社交能力的儿童期，退回到家里。

孩子长大后，幼儿时对家长的全能感受开始破灭，但他又没有接触过真实的社会，就会把网络等非现实世界中理想化的角色与家长进行比较，失落感、不安全感等情绪的产生在所难免。逃离家庭、为反抗而反抗，几乎是孩子成长过程中某一时期的主旋律，我们会把这一时期称为叛逆期。于是，"剿灭叛军"往往是家长顺理成章的选择，但这种行为的结果基本上是家长与孩子两败俱伤。其实这只是一个正常的心理发展阶段，不是叛逆。如果孩子的需求总能被看见并得到尊重，孩子就没有必要通过对抗来经历自己的成人礼。

对于没有处理好关系的家庭来说，过去已经回不去了，只能从现在开始，补上这一课，努力改善亲子关系，建立起合理的边界，在这个前提下，再去考虑如何交流。技巧、技术有用，但不可依赖，最重要的是一家人彼此诚心相待，否则，你防范我，我顾虑你，家长说句话都得想上半天，考虑孩子会不会不高兴。累不累呀？

分离焦虑是心理问题的来源

分离是要以爱为基础的，心理学大师艾里希·弗洛姆在《爱的艺术》里说过："没有被爱重新结合的分离意识是羞耻感的来源。同时，它也是有罪感和焦虑的来源。"

分离焦虑不仅会出现在孩子身上，许多家长也没办法很好地跟孩子实现恰当的分离。渐行渐远的亲子关系才是正常的。分离焦虑往往源于家长不愿意让孩子离开。换句话说，分离焦虑的根源往往是家长而不是孩子。单纯的物理空间分离可能有助于加速这个分离，但也可能加剧家长的焦虑。有些家长因为一两天没看到孩子的微信动态而担心，这就是严重分离焦虑的表现。

很多家长很难忍受与孩子分离给自己带来的痛苦。由于生理机能的差异，相对来说母子之间出现分离焦虑的概率会比较高，结果就导致了母亲与孩子超强共生。孩子长大了就要离开家庭，对于家长而言，这意味着他们将会失去一段关系。但分离是不可避免的，对抗分离就会产生分离焦虑。一个人与原生家庭建立关系甚至可以追溯到出生之前，随着自己的长大渐渐与原生家庭分离。结婚这件事标志着与原生家庭的彻底分离，标志着自己组成了新的家庭关系。当有了孩子以后，这个分离过程又会重复出现，直到衰老、死亡，家庭解体。

培养出很"乖巧"的孩子，往往是父母的分离焦虑在作祟。家长试图给孩子创造最好的环境，目的就是让孩子对原生家庭产生强烈的依恋感，但超强的依恋实际上是一种控制与被控制的关系，是

分离焦虑的源头。孩子如果对原生家庭过于依赖，就会成为"妈宝男""巨婴"。家长对孩子过于依赖，就会出现一个任性的孩子和百依百顺的家长。家长要消除分离焦虑，最简单的办法就是"躺平"，让自己松弛下来，过好自己的日子。

对未知世界的恐惧是产生心理问题的主要原因。对分离的焦虑实际上也就是对逝去的恐惧，这是可以通过好的心理咨询去引导、解决的。家长放不下对分离的焦虑，孩子同样也会放不下；家长处理好自己内心对分离的恐惧，孩子也会慢慢平静下来。

分离焦虑源自安全感的缺失

分离焦虑，本质上是安全感方面的问题。依据马斯洛的需求层次理论，孩子生理层面的需求得到充分满足或过度满足以后，家长对孩子的过度关心会侵害到他的安全感。而这种不安全感就会导致对分离的过度恐惧。抑郁的孩子很难消除大脑里各种混乱的思维和负面的东西，这就会导致他对分离特别恐惧。

孩子出生就意味着开启了一个持续分离的过程。孩子如果有足够的安全感，就不会畏惧分离。没有一个孩子不愿意跟家长分离，孩子的成长过程就是与家长分离的过程，但每个人本能地对各种分离会有一种恐惧，不希望分离发生。所以家长会想方设法地给孩子照顾、关心，甚至包办孩子的各种事情。过度的溺爱、过度的关心、过度的包办，包括控制，说到底就是为了把这种关系延续得更久。比如，听到孩子取得好成绩，家长就会装出严肃的样子，稍微去打压他一下，会说"谁谁谁比你还好"，这种事情大多数家长都做过。家长认为这样可以给孩子加点压力，让孩子继续往前，但实际上这只是在缓解家长内心的分离焦虑，是一种自卑支配下的自恋。家长防止孩子因为成绩好了就离开自己的指导，使自己的自恋受损，这是在把内心的焦虑投射给孩子，迫不及待地用优越感来控制孩子，让孩子永远生活在自己的关心之下。一些家长一看到孩子状态不好，内心就充满了焦虑，活力也被激发起来，到处去学习，但奇怪的是，孩子一旦开始好转，那些家长又会慌，老是担心孩子的状态会不会反复。好了要慌，不好了也要慌，说到底，还是分离焦虑没有处理好。

有很多孩子都反对家长学习抑郁症的相关知识，换个角度来看，这也是这一种抵抗。家长学习后必然会有所改变，会影响与孩子的分离。其实孩子心里很清楚，这对康复是有利的，但为什么还要抗拒家长去学习呢？因为孩子在逃避、抗拒这种分离。一般来说，就是孩子早年的分离创伤又重新被激活了。孩子小时候，家长可能因为工作等原因没有给予孩子太多关爱。当然这可以追溯到家长的原生家庭。家长把这种影响投射到孩子身上，这就是原生家庭影响的代际传承。这种传承难以避免，只要有血缘关系，就一定会受到影响。

社会有其运行法则，家长不能要求学校、社会给予孩子额外的照顾，否则，又将是一种反向强化。要是回到家里还延续着社会上的一些规则，人就不容易放松，大家都会很累。我们的家庭都是平凡的，家就是柴米油盐的人间烟火，回到一个能放松下来的家，孩子至少不用担心来自家的压力。

如果家长和孩子有足够的安全感，就会毫不畏惧地去分离。在应该分离的时候，家长没有做好分离，或者与孩子过早分离，就会让孩子产生对分离的恐惧，现在全家都要补上分离这一课，首先就要回到关系的框架内解决安全感缺失的问题。

清晰的边界有助于实现分离

缺少边界感是无法分离的主要表现。家长完全切断跟孩子之间过于紧密的依恋关系是不可能的。但依恋关系过于强大以至于分不开就是问题。

缺少安全感的人，往往也是缺乏边界感的人。他们跟社会的边

界同样是不清晰的，比如住在宾馆就总会担心有东西遗忘在那里。如果从小就有了很清晰的边界，而且在边界之内是绝对安全的，他就会做好自我保护，也不会过于纠结这些事情。同样，妈妈做好妈妈的事情，爸爸做好爸爸的事情，这也是边界感清晰的体现。如果夫妻之间的边界不清晰，自然就容易造成孩子安全感的缺失。

与孩子在物理空间上的分离，是分离的一种形式，但并不意味着孩子就能够与家长有效分离，根本的分离是在心理上的分离。分离就意味着家长要充分信任孩子，放手让孩子去解决自己的问题。发现孩子出现心理问题后，有些家长的焦虑程度甚至会超过孩子。因此，他们学习各种心理技术，甚至有家长读了研究生、开了心理诊所。家长成长1%，孩子就成长99%，这句话实质上是在给家长制造超我焦虑，好像孩子出现问题都是因为家长没有学习成长。但问题是，即使家长学习成长了，也有孩子迟迟走不出抑郁的情况。

在前信息时代，人的认知来自人际交往中获得的信息，现在的父母大多成长于那个时代。对于他们而言，与他人的关系及用自己获得的信息影响他人的能力，基本上代表了一个人的成功程度。进入信息时代后，人们获取信息的渠道主要是网络，孩子所表现出来的不愿与人交往、不愿听从家长安排的特征，是这个时代的特征。而家长大多还停留在自己小时候形成的认知中，忽视与孩子客观存在的代沟，冲突也就在所难免。

边界清晰对孩子成长是非常重要的。每个人内心都有自己与时俱进的发展规律，这就是道。顺应时代发展就是顺其自然，一定要用父母的道来制约孩子的道，这本身就是逆道而动。当家长深爱着孩子时，通常会及时处理孩子的痛苦和孤独等感受，但这却会让孩子没有机会去尝试自己处理悲伤，以及因为分离而带来的孤独。孩子进入青春期后，家长的权威已显著削弱，这就导致父母很难对孩子的心理成长发挥作用，甚至"父母皆祸害"成了孩子们的心声。

孩子如果能够离开现在的环境，发展他自己的各种社会关系，就可以逐步摆脱原生家庭对他的影响，情况一定会好起来。跟原生家庭的分离是孩子成长必须经历的一个过程，但这个时候家长往往会对这种分离产生恐惧。我发现很多孩子的问题就出在这里，是家长不敢让孩子跟自己分离。

推动孩子考验家长的智慧

孩子跟父母的分离没做好，由此而来的不安全感可能会伴随孩子一辈子。孩子的一些非理性行为，只不过是想引起家长的关注。

孩子如果离开了社会主流，当然不会生活不下去，但一定会生存得很艰难。当他长大后缺乏稳定的收入来源，甚至不能养活自己的时候，又如何指望他得到社交需求的满足？这个时候，家长就要努力推孩子一把。如果确实推不动了，那就接纳这件事情，尊重孩子的意愿。孩子对自己的前途是有想法的，在还有希望改变的时候，家长不去想别的事情，一门心思地想着努力去改变，孩子也会配合家长去改变；如果家长放弃了，孩子就容易放弃自己。

家长推动孩子这件事情是目标和力度把握的问题，不是该不该做的问题。如果家长给孩子定的目标过高，就容易出现问题。家长可以在孩子情绪平稳的时候，通过平等协商，由孩子自己确定一个合理的目标，即使这个目标完全不能满足家长的期待，家长也要给予充分尊重，万万不可再把协商变成说服，把自己的目标强加给孩子。目标确定后，家长专心做好家庭支持环境建设，给钱、给经验、给力量，切不可重蹈覆辙，再吃苦头。当孩子处于郁或躁的状态时，不合适交流，郁的状态下孩子对前途比较消极，躁的状态下孩子会提出完全不切实际的目标。交流的过程要有仪式感，比如可以提前告知孩子交流的时间、地点和议题，到时候全家坐在一起。随便找个场合说几句话，这不是正式的交流，更不是尊重孩子的表现。

二、角色

社会学或者说社会心理学有个拟剧理论，这个理论认为，人就像舞台上的演员，努力以各种方式在观众心目中塑造自己的形象，同时也使观众做出符合自己期待的反应。简单地说，就是人生如戏，每个人都在人生舞台上扮演各种角色，期待得到观众的认同，同时每个人又是别人的观众，通过各种方式使别人按照自己的意图来表演。

1. 生活中的各种角色

莎士比亚在《皆大欢喜》中借角色杰奎斯之口说："全世界是一个舞台，所有的男男女女不过是一些演员。他们都有下场的时候，也都有上场的时候。一个人在一生中扮演着好几个角色。"

角色是后天形成的

一个人出生后，就开始具有了演员的身份，就开始努力赢取观众的掌声。

人还在婴儿期的时候，尽管还没有建立自主意识，但已经学会了如何取悦主要照顾者，从而扮演了人生的第一个角色。人逐渐长大，又拥有了别的角色身份，如兄弟姐妹等。等进入幼儿园、学校，更是多了不少的社会身份。现在比较流行的给学生加头衔的做法，就是一种典型的赋予角色的做法，让孩子根据预设的脚本来进行表演，同时老师和同学以观众的身份来进行评判，一方面给孩子带来了自信，孩子可以从这种头衔的安排中获得某种优越感；另一方面也使孩子的行为被困在角色中，让孩子的行为更加符合观众期待中的角色设定，这就是所谓人设。而孩子努力学习、追求好成绩，无非就是想让自己更加符合观众的要求，让自己更加符合角色的设定。

这些角色大多是后天成长过程中由外界赋予的，是在各种关系的建立、维护过程中形成的。这些角色带给人的不仅仅是新的身份，还有为满足观众期待而使自己受到约束的行为限制。当今社会是一个职业化的社会，每个人都在不同的社会阶层中扮演多种角色，自然也会受到这些角色设定的制约，须要在服装、道具、化妆等方面符合角色的要求，最典型的就是各种具有很高识别度的职业服装，如白大褂、警服等。不能让孩子输在起跑线上，就是孩子在还没有进入人生跑道的时候，就不得不开始努力演好未来才有的角色。而妈妈在怀孕时就要进行胎教等所谓孕期学习成长，又何尝不是在努力让自己更好地扮演母亲的角色？

当社会对每个人都有了精确定位的时候，我们就已经离不开这些社会角色赋予的限制了，还要学会在不同的角色中自如切换。道家追求的"复归于婴儿"，就是让人回到没有外界赋予的角色身份、只为满足基本生理需求而生活的那个时候。

每个人都有多重角色

从出生开始，社会就不断给我们赋予各种角色，观众也会赋予我们更高的期待。在还没有真正进入社会时，人就要做好孩子、好学生、好朋友，在自己的舞台上不断为取悦观众而努力。

一个人不可能只有一种角色，每一类观众会对应一种角色，大多数时候一个人还会同时以不同角色亮相，孩子也不例外。孩子在学校须要同时扮演学生、同学，可能还会有住校生等其他角色，观众同时有老师、同学等。很多人就是因为记不住自己当下所扮演的角色是什么才会越界，最常见的是家长在家里充当了老师的角色，

孩子就不得不在家长面前继续扮演学生的角色。

每个人都要在不同场合扮演不同的角色，并在特定的场景下扮演一个主要角色。但是，某种角色扮演久了，人就会混淆真实与幻觉，很容易把其他场景下的角色带入当下的场景，造成错位。最常见的是一个人因为自己在某一领域有比较好的角色，就很容易觉得自己在其他领域也同样如此，超级自恋就是这样产生的。这种角色的错位也导致教师、科技工作者和他们的子女成为心理问题的高发人群。如果家长在角色转换上出了问题，没有及时切换到家长的身份，在家里仍然扮演工作中的角色，那么孩子就无法在家里持续得到稳定的家庭角色所需要的舞台，只能从其他领域获得补偿，或者只能减弱与父母关系的密切程度来保护自己。久而久之，在关系持续削弱的背景下，孩子出现心理问题的几乎是无法避免的，不同的只是问题的严重程度。

当一个人担心自己的演技无法满足角色的设定时，焦虑就产生了，觉得自己已无法满足观众的期待后，心理问题就会滋生。这也是成绩好的孩子更容易出现心理问题的原因，观众对他们的期待会更高，而他们对观众的期待也会更加敏感。

赢得观众喝彩的努力

"人生如戏，全靠演技。"每个人在不同的场景都会主动或被动扮演各种角色，每个人都有把戏演好的内生动力，这就是本自具足。

一个人在前台的表演，目的在于传递自己对角色的理解，并把这种理解准确表达出来，以博得观众的认同，而要赢得观众的喝彩，就要不断提升演技，以满足观众不断提升的期待。这种双向的期待就形成了"内卷"，让一个人无法停止下来。

从这个角度或许可以更加清晰地看见孩子某些行为背后的东西。学校是一个小社会，孩子在学校里会有不同的角色设定，有一些是学优生，有一些是学困生。而孩子还不具备自主创作角色剧本的能力，容易按照一些流行的东西如小说、电视剧、游戏等，为自己创立人设，这就是孩子容易追星、容易被流行文化俘虏的原因之一。

当孩子出现情绪波动时，家长可以先想一想，自己现在是观众还是演员，自己在扮演什么角色，孩子现在处于什么样的角色状态中。比如，休学回家的孩子只是失去了扮演学生角色的舞台，但并没有失去这个角色，他只是要用各种行为来适应失去舞台的剧变。家长此刻应扮演好一个观众和家长的角色，而不是去扮演一个老师或拯救者。当然，此刻家长要为自己找到最合适的定位是很困难的，毕竟此刻家长也面临着调整的问题。无论如何，如果找不到合适的角色，那就先安心做好观众，认同孩子曾经的努力，为孩子一点一滴的进步喝彩，不评判，更不要喝倒彩，这就是接纳。让孩子在家庭的舞台中找到自己合适的定位，为孩子重新回到学校的舞台创造好的环境。

总之，一个人的所有表演都是为了赢得观众的喝彩。要看见一个人行为背后的东西，第一步就是要找到这些表演行为所代表的角色与表演者期待中的观众。

2. 每个人都有自己的舞台

人生舞台上可以有助演、有配角，但主角只有一个，每个人都应该有属于自己的舞台。家长的价值在于尽量扩大孩子的舞台而不是冲到台上去教孩子演出。

任何角色都需要观众

任何角色都是为了观众而表演的，没有观众，自然也就没有表演的必要。当然，某个角色扮演久了，在没有观众的场景下也会自动进入演剧模式。

一个好的演员能够为自己选择合适的观众，对自己的能力有恰

当的认知，对自己所扮演的角色有充分的适应感，这就意味着他对现状有足够的掌控，不需要通过"内卷"来取悦其他人。但现状往往是对观众品位的高估与对自己演技的低估同时存在，这就导致了对未来的焦虑。一个人如果明白自己在一段关系中应该处于什么样的定位，明白自己做事情的边界，就可以把这段关系较好地维持下去，同时也会让自己愉悦；如果觉得不合适就可以终止这段关系。但在亲子关系中，无论关系被如何破坏，亲子之间永远无法摆脱彼此。孩子缺少足够的阅历和动力来做出调整，因此首先需要家长调整做事的边界，不在家长角色中附加其他角色的内容，做好孩子的观众，以此来为孩子的调整创造时间和空间，为孩子扩大舞台做好支持。虽然家庭中的每个成员都对孩子的问题负有责任，但解决问题的责任在孩子自己身上。

对一个演员来说，适当保持神秘感才会给观众带来想象的空间，因此，他们的后台一般不欢迎观众参观。也就是说，家长需要为孩子创造一个不受打扰的空间，为他们的自我疗愈、自我成长留出空间。有些家长会经常询问孩子遇到了什么，试图了解孩子情绪波动的原因，这就是在侵入孩子的后台。通过孩子外在的行为也就是表演来感知他们的内心，而不是跑到后台去一探究竟，是家长作为观众应该有的基本修养。

一个演员听久了观众的掌声，就会用虚幻的自我表演来强化自己在观众心目中的人设，而一旦面具被戳破，他的自恋就会受损。这在家长的学习过程中经常可以见到，一些"大神"级导师更容易因为感觉被冒犯而失态。其实这种情况很正常，用平常心对待就好。尤其是对待孩子的沉浸式表演，家长看破不说破，诚心诚意地夸奖，很多时候会有助于孩子提升对自己能力的认知。

与其他角色的协调

人生舞台上很少有独角戏，一场精彩的演出不仅需要舞台和服化道，需要角色与观众之间的互动，还需要角色之间的协调。

简单的问题可以一个人搞定，孩子出现心理问题属于家庭重大危机，无论是其中的谁都没有办法一个人搞定，自然需要家庭所有成员的齐心合力。但并不是所有的家庭成员都能在演出节奏上完全同步，而且也不可能进行彩排。协调就意味着在合作基础上让步，演好自己的角色，同时把自己的节奏调整到与其他人一致，这才是合适的做法。

常见的情况是，孩子出现问题后，妈妈的焦虑程度明显高于爸爸，这是家庭关系序位不同的正常表现，是很正常的角色分配，没有必要为此增加冲突。有"猪队友"总好过无队友，妈妈可以先走一步，让爸爸跟上来就行了。孩子的成长通常都会慢家长一拍，要给孩子留出时间和空间，毕竟他才是受伤害最深的那一个，需要更多的时间来疗愈自己。

角色之间会有很多冲突需要调整，每个家庭都有自己的特殊情形。处理家庭关系有一些基本原则可以参考，每个原则都有其特定的适用场景，不能教条化地使用。为孩子的情况出现冲突的夫妻，要学会以平常心对待伴侣，要能够相互扶持，理解对方的不容易，可以成为对方的情绪出口，在彼此情绪平稳后再商量对策，万不可把在情绪激动时做出的决定付诸实施。

处理与孩子的关系可能更加须要小心把握分寸，毕竟孩子的生理、心理发育都不完全，家长的定位应该是做孩子情绪的稳定器，用自己的情绪稳定来为孩子托底，而不是去使劲推拉孩子，这样才能更好地与孩子的情绪同步，形成同频共振。

处理其他社会关系如同事之间的关系、与领导的关系时，也要找准自己的角色定位，与其他演员同步，该做主角时顶上去，该做配角时不抢镜头，在各种角色之间切换自如，就可以为自己创造和谐的环境。

只有自己才是导演

每个人都有自己的人生剧本，这个剧本的编剧只有自己。但很多人都觉得，自己的一生是被原生家庭或者其他什么事情毁坏了，总之，是外界的恶意让自己无法按意愿生活。

原生家庭的影响决定了一个人的元认知，虽然这会给人的一生带来巨大的影响，但正剧的脚本完全是由自己来掌握的。家长可能给了孩子一个开局不如意的剧本，没有关系，孩子在演出过程中可以随时调整自己的剧本，做自己的导演。谁也改变不了自己的原生家庭，改变不了遭遇过的那些事情，但可以改变看问题的心态，通过调整认知来阻断原生家庭负面影响的传递，从而改变一生的际遇。

家长的职责是鼓励孩子按自己的剧本来完成演出，在孩子还没有能力创作时可以帮助他完善剧本，但不能越俎代庖，为孩子设定结局。孩子还小，不具有规划人生所必需的人生阅历，此时，家长可以为孩子规划、指导，给经验，更重要的是给试错的机会。家长应该尽量让孩子回到学校、回归社会主流，同时也要充分尊重孩子的意愿，前者是为孩子明确人生的目标，后者是让孩子有机会通过试错来为自己找一条更适合的道路。毕竟离开社会主流，孩子的生活道路会多一些艰难。以尊重孩子的名义放弃让孩子复学的努力，这是家长的不负责任。如果孩子确实无法回到学校，那么家长可以为孩子托底，可以多给孩子几种选择，但没有必要把孩子的这种行为合理化，更不应该鼓励其他家庭也去放任孩子不复学。

实际上，孩子由于认知的制约，对未来充满各种不切实际的想象，这是很合理的事情。如果家长能够为孩子的安全感托住底，孩子就敢于直面未来，做自己人生的导演。同时，家长也要敢于与孩子做好分离，这样才能扩大各自的人生舞台，做好自己的导演。

3. 安心做好观众

在戏剧中的身份不同，功能和作用自然不同。有些家长很喜欢冲到台上改写孩子的剧本，忘了在孩子的人生大戏中，自己只是个观众，最多只能教会孩子如何演好开场，不可能陪孩子到谢幕。

作为观众的基本修养

家长始终要明确自己的定位，当孩子还在婴儿期时，家长可以是孩子的编剧、导演。当孩子开始进入青春期后，家长就不能再是孩子的导演或者助演，只能是一名观众。面对孩子在他们自己人生舞台上的种种表演，家长应该克制冲动，做好观众这个身份应该做的事情，不要混淆观众与台上演员的角色。

作为观众，家长首先要能静下心来，认真欣赏孩子的每一场表演，为孩子的努力而鼓掌，为孩子的精彩表演而喝彩，在孩子出现失误时给予鼓励，而不只是为孩子的获奖而叫好。当演员与观众能够形成有效互动时，演员也愿意按观众的品位来调整自己的演出。知道什么时候应该鼓掌、什么时候不应该鼓掌，这是作为观众的家长应该具备的基本修养。但是，家长似乎很容易忘记自己的身份，而过于关注孩子表演的失误之处，错过了演出的亮点，忽略了演员为演出所付出的努力。更忘了这是一出人生的大戏，是一场持续一生的演出。而对孩子而言，作为演员，他能够在以后一场场演出中找到自己的感觉、找准自己的定位，而不须要纠结于这一场演出是不是精彩。

还有一种情况是，家长很愿意表达自己对孩子的关心，希望能够得到孩子的回应。如果是孩子希望家长关心自己，那自然没问题，但更多的是家长的一厢情愿。孩子不愿意回应家长的关心，往往是因为双方没有在同一个点上形成互动，也就是说，观众的喝彩并没有喝在演员的出彩点上。情商不只是会说话，更重要的是能够说出对方想说但没有说出来的话。那些语言技巧，适用于职场社交，但不适用于大家彼此知根知底的家庭内部。换句话说，舞台变了，有些家长却没有意识到自己应该从演员转变为观众，自然就很难在孩

子那里赢得期待中的掌声。当孩子只是在为家长的喜好而演出时，孩子的自我意识就会被侵害，出现心理问题是大概率的事情。

家长在社会上可以有很多角色，但在家庭里的角色只是家长，不要把别的舞台上的剧本和服化道带回家里，使自己继续沉浸在家庭之外的角色中，在亲子关系中做好观众才是家长最应该有的定位。

准确传递作为观众的感受

家长如果在家里安安心心做观众，愿意成为孩子的气氛组成员，就更容易发现孩子的亮点。

作为观众，家长要把自己的情绪、视野集中在当下的舞台上，不要把欣赏别人演出时的感受投射给孩子，不拿孩子与其他的孩子做比较。在广场上看老人们的广场舞，你非得喊一嗓子"不如芭蕾舞团跳得好"，大概率会被骂，那你为什么在家里总喜欢为孩子的表演喊上这么一嗓子？孩子在学校或社会上演出时，家长通常会以欣喜的眼光看着孩子稚嫩的表演，愿意在朋友圈分享，那么为什么不能同样用欣赏的眼光看待孩子在人生舞台上的表演呢？只看孩子的优点，看到的优点就会越来越多，对缺点就不会那么敏感。家长把这种喜悦和欣赏表达出来，孩子接收到这些信息后，自然就更加愿意表演，而且他会按照他认为重要的观众的意愿去不断提升自己。

有些家长经常会让孩子按照自己的要求加戏，比如不能吃所谓垃圾食物，不能玩游戏，要参加各类所谓素质教育培训，等等。家长要做好观众，一个非常重要的原则就是不要让孩子表演这个舞台之外的剧情。在学校这个舞台上，孩子已经不得不扮演各种各样的角色，回到家后，应该让他卸下面具，做回自己。对于家长同样如此，不要把社会上的各种面具带回家里。但很常见的是，家长始终为孩子的未来焦虑，孩子去了学校，家长会担心孩子成绩好坏、能不能坚持；孩子退缩回家，家长又担心孩子能不能重新开始学业、未来能不能找到好的工作；等等。这些担心不能说不对，但只会让孩子在家庭这个舞台上失去表演的欲望，而这可能已经是他最后的舞台。

家长所有的感受都应该是作为观众的感受，都应该只对孩子当下的演出表达自己的感受，而不是为孩子折腾下一场演出。无论孩子在台上表演什么，都要跟上孩子的节奏，为孩子的每一点闪光鼓掌，即便这点闪光如此微弱，也要坚信，这已是孩子倾情之下的演出。家长要让自己成为孩子最重要的观众，而不是变成孩子的导演。

家长的任务是扩大孩子的舞台

演出需要舞台，家长的重要任务是扩大孩子的舞台，让孩子能够在更大的舞台上展现自我。

舞台大了，孩子就可以更多的方式展现自我。家长要学会允许孩子按他自己的意愿规划未来。当然，孩子还小，自然离不开家长的指导，但这种指导在孩子出现状况后，要尽量克制在最低限度。家长与孩子共同探索才是合适的，给经验、给支持，而不是提要求、给答案。这个分寸确实不好把握，每个家庭情况不同，孩子的状态也不同，家长需要更大的智慧，把握好节奏。与孩子关系好的时候，可以说一些自己成功、失败的经验，希望孩子避免重蹈自己的覆辙；在孩子情绪稳定的时候，不求不应、有求必应，减少孩子的情绪波动；在孩子迷茫的时候，比如面对学校出现退缩时，可以适当推孩子一把。总之，这个时候很考验家长的内心是否真的稳定。接得住孩子的折腾，就是在为孩子扩大舞台。

表演离不开服装、化妆、道具等一些必要的东西，离不开钱。孩子从低谷中开始向上走的时候，都会出现一些不切实际的想法，这些往往都离不开经济条件的支持。这个时候，家长可以与孩子讨论如何实施，对于合理的需求应予以满足，对于明显不合理的需求要加以拒绝，这是需要技巧的。一般来说，干脆拒绝是最合理的方法，但很多家长往往不敢直接拒绝，而是会给出各种理由，这很容

易让孩子以为有商量余地，导致孩子以激越行为来达成目标，也使得家长给了钱有牺牲感、不给钱有愧疚感，而且这对亲子关系的改善也没有多大帮助。

对于孩子那些有合理性的要求，家长还是要在经济负担能力与亲子关系改善程度之间做一个权衡，也可以与孩子讨论一下，立一个规则，比如哪些东西是家长愿意支持的，以及总的额度等，但不宜向孩子提出以某种条件为前提来满足孩子。这个时候，家长提什么条件孩子往往都会答应，但通常很难兑现，对关系改善没有什么好处。对于双方达成共识的事情，家长应该严格遵守自己的承诺，但不要指望孩子也会遵守。对于双方共识之外的事情，还是那句话，家长要进行权衡，多从有利于改善亲子关系的角度来思考，不要拘泥于条条框框，当然，也不能让共识成为空文，适当的拒绝是一种力量。

家长要学会的是换位思考和认同，而不是追求共情。你做观众时对演员的态度，就是你做演员时别人对你的态度。

三、关系

关系大于一切，心理问题基本都出在关系问题上，合理处理关系问题是解决心理问题的基础。我们的很多困扰其实都出于关系的影响。比如，老师能带出优秀的学生却教不好自己的孩子，有的人对外人彬彬有礼却对家人乱发脾气，这些说到底都是因为亲密关系扭曲了正常的理性力量。

1. 好的关系是家庭稳定的基础

从心理学角度来看，亲密关系一般指夫妻关系或情侣关系。孩子的心理问题很大程度上源自夫妻亲密关系中的问题。

关系的序位

家庭内部的各种关系遵循一个原则：先出现的关系的重要性要高于后出现的关系。夫妻关系是家庭的基础，与孩子无关，亲子关系是后来产生的；而母子母女关系在怀孕期间就很亲密，父子父女关系从某种程度上来说，是后来的，是在孩子有了自我意识后才确立的。这就是家庭内部的关系序位。明白了关系的序位，就知道了处理关系问题的优先级。夫妻关系的序位应该高于亲子关系的序位，夫妻双方与孩子的关系是等距的。但实际上，理想状态是不可能存在的，很常见的情况是，妈妈对孩子过于关注，亦即对孩子的控制感会更强烈一些，妈妈与孩子的关系明显要比夫妻关系来得亲近，甚至会让孩子处于三个人关系的顶端。当孩子出现心理问题后，妈

妈往往会焦虑地到处去学习、想尽各种办法帮助孩子康复，而爸爸相对会"淡定"很多。

两个人在当初确定亲密关系时，是因为对方有一些东西能满足自己的需求，才会走到一起。成立家庭之后，对已经被满足的需求的满意程度会降低，新的需求又会产生，于是这些未被充分满足的新需求就会成为冲突爆发点。夫妻关系已经影响到孩子了，才会引起家长的注意，家长才会下大决心去改善家庭氛围，这就是常说的孩子用自己的病来拯救家庭。于是，终点又成为起点，家长重新构建家庭环境，接纳自己与他人不好的地方，让家庭氛围趋于正常，孩子自然就正常了。

如果家长中有一方特别强势，另一方完全没有存在感，这个家庭就必然会出现一些不正常的现象，孩子会向强势的一方学习，但他的行为逻辑会越来越向弱势的一方看齐，这种内心跟外在的冲突就会给孩子带来非常大的心理损耗，损耗到一定程度，超过孩子的心理承受能力，心理问题就出现了。

孩子出现心理问题，还与父母长期以挫折教育为名实施情感勒索不无关系。有些家长持续不断地贬低、蔑视孩子的成就，让他产生无价值感，"你不能骄傲""你要向更好的孩子学习"，什么邻居的孩子、别人家的孩子，就是这样来的。在家长的不断贬低下，孩子就会失去价值感。如果是夫妻关系相对比较稳定的家庭，孩子也不一定就会出现心理问题，但出了心理问题的孩子，其父母通常存在亲密关系的问题。

爸爸做好爸爸的事情，妈妈做好妈妈的事情，孩子就自然能做好孩子应该做的事情。

家庭支持环境是孩子康复的基础

夫妻关系构成了孩子原生家庭的底色。从孩子的角度，若父母关系持续紧张，孩子是无法正确处理这种冲突的，就会表现出讨好型人格、表演型人格，试图在父母的冲突中获得更多的照顾，或者试图维护家庭的平静。但这实际上完全超过了孩子的能力，一次次的失败会让孩子产生习得性无助，产生心理问题。

青少年抑郁基本上都源自家庭因素，学校的问题基本上只是触发因素，并不是病因。虽然医学界有证据表明，遗传是孩子抑郁的主要原因之一，但从实践来看，双胞胎也有一个抑郁、一个不抑郁的。在有抑郁症遗传病史的家族中，孩子的抑郁症发病率可能会比较高，但会不会患上抑郁症主要还是看家庭环境的影响。

人生如戏，每个人都在社会上扮演各种角色，在各种场景中向他人呈现自己，引导和控制他人对自己形成印象。当孩子的严重心理问题以一种猝不及防的方式来到家庭时，家长不得不在完全没有心理预期的状态下开始角色转换，从自信的家长转换成需要学习成长的家长，出现一些惊慌失措，是完全正常的事情。

当下高速发展、高度"内卷"的社会，已远不是家长当初的成长环境。望子成龙、望女成凤，就是家长把自己没有实现的愿望投射给孩子，指望孩子能在社会上演好他们自己从来没有演过的"龙""凤"角色。但孩子所处的成长环境已不是家长当初的成长环境，按家长给的方法做并不能实现家长的期待。家长的焦虑无可避免，就会通过"积极"干预来控制孩子。这在辅导孩子作业方面最为典型：不做作业母慈子孝，一做作业鸡飞狗跳。此时的孩子毫无摆脱家长控制的办法，本来可以岁月静好，却偏偏被逼着负重前行。当这种由被控制引发的不良情绪积累到一定程度后，孩子就容易出现抑郁。

夫妻关系紧张是造成孩子抑郁的重要原因，这种紧张不仅会表现为冲突、冷战，也会表现为相敬如宾，因为这是在用"敬意"来防御或者掩盖内心的敌意。关系紧张还有一种表现是一方过于强势，尤其是在母亲相对强势的家庭里，母子母女关系经常会过度纠缠，父亲的存在感弱，孩子缺少个性发展的空间，容易出现诸如社交恐

惧等缺乏安全感的行为特征，严重的就会产生心理疾病。

还有一种家庭关系错位是家长以孩子为中心，过于关注孩子的学习成绩而放弃自己的喜好，还把这种牺牲感投射给孩子。在家长长期持续以投射牺牲感为特征的情感勒索下，孩子因为愧疚而无法从家长身上获得安全感，就容易出现心理问题。

由爷爷奶奶、外公外婆作为主要抚养者的孩子，跟父母分离时间比较久，内心的不安全感会比较强烈，这是家长没有扮演好自己角色的典型表现，但这也是时代的无奈，家长都要上班，让其中一位回家全职带孩子是需要经济实力支撑的。建议不要跟孩子分离太久，长辈克服困难帮孩子带娃也有好处，这样既能保证孩子跟父母每天待在一起，又能保证孩子得到有效的照顾。

孩子为什么抑郁？简单地说，就是家庭脱离了正道。家长为什么会迷茫？也是因为脱离了正道。家长不像家长，孩子就不像孩子。所以，家长要守住信心，摆正定位，把医疗的事情交给专业的医生，让一切回到正轨，为孩子营造好的家庭氛围。实践证明，当家庭氛围开始趋向温暖后，孩子自己就会跟上来，会给家长一个惊喜。

学会改变看事情的角度

信念是用各种方法实现一个目标，执念是用一种方法实现各种目标。期待是等待某种特定的结果出现，相信是对无数种可能性的接纳。简单地说，期待是希望对方能够实现我的愿望，相信是只要是对方的愿望，我都支持并愿意帮助他去实现。当一个人缺少信念时，他的关注点一定会落在具体的行动上，甚至会用微不足道的成就来骗自己，只关心别人的方法，而不是去关注别人的认知。

家长一方面要放弃积极改变孩子的努力，通过使自己成长来影响孩子，给孩子一个宽松的空间；另一方面要引导孩子不要脱离社会主流的价值观。孩子成年了就无须引导，放手就行了，相信孩子能找到自己的人生路。如果孩子才十几岁，家长也完全放任，这对孩子的康复是很不利的。这个年龄的孩子具有强烈的掌控自己人生的欲望，但缺乏与此相适应的智力和阅历，需要人去引导，这是家长的义务，也是应尽的责任。引导的力度确实很难把握，每个家庭都不一样，无法抄别人的作业。所以家长要学习，学会看见孩子的需求并想方设法去满足，扩大孩子的成长空间，还要处理好自己的分离焦虑，让孩子不断地建立家庭以外的关系，逐步融入社会主流。这些都是家长的责任，是很考验家长的智慧和能力的。

每个家长都不希望孩子生病，但潜意识层面的很多东西是与意识相反的，你觉得自己应该做什么事情，在潜意识层面就有多么抗拒做这件事情，你有多么想让孩子好起来，潜意识里就有多么不想让孩子好起来。"我觉得应该如何如何""只有如何才能如何"，这些可以解读为潜意识里不想去做，才要用意识、理性去对抗。

当下的时代，大家都为成功而欢呼，即使孩子病成这样了，家长还是放不下对成功的执念，想着孩子复学、走出来，想着将来如何如何，想着孩子能走上一条直达成功的阳光大道，但现实哪有这么容易呀？最短最宽的路未必是最快到达终点的路，弯路、退路也是人生之路。成功可以是"大漠孤烟直，长河落日圆"，也可以是"杏花春雨江南""小桥流水人家"。成功的尽头是人间烟火，这才是最容易被忽视的幸福源泉。人生最大的幸福莫过于深夜回家时家里有人给你开门，饥肠辘辘时能吃上家人做的一碗饭，老了还有人牵手一起走。

我们不仅要看到当下，还要用更长的时间尺度、更宽的视野看到当下行为背后的东西。如果能看到行为背后的需求、信念，也就有了解决问题的方法。

事情本身不会引起我们的反应，是我们对事情的信念，也就是所谓认知引发了我们的情绪激动。寻求解决以前的问题其实意义不大，关键是如何看待这些问题，也就是说，你给这些问题赋予了什

么信念。比如，父母给我们造成的伤害深深影响了我们的一生，但他们只是以他们的认知给了我们最大的自以为是的爱，我们也不可能穿越回去改变父母以前的认知，所以经常会有人说，原谅父母则心有不甘，不原谅父母又无法消除内心冲突。何苦呢？当我们接纳了这一切，就是与父母和解。

关系的改善在于情感的流动

通过学习，我们学会了不少处理情绪问题、心理障碍的技巧和理念。它们在指导他人时也很有用，但当我们回到家面对家人时，会发现运用技巧显得很假，对方一眼就能看穿你的小把戏，毕竟相互都太熟悉了。但不用技巧又会感觉学了也白学，而且让家人觉得你的学习是在做无用功。

关系决定一切。但这并不意味着只有好的关系才能使人幸福，好的关系跟不好的关系都是正常的关系。家庭成员之间相敬如宾，实质上就是关系过于理性，导致真实的情感缺少流动，家庭成员无法表达内在的需求，最终导致无法在家庭关系中建立合适的边界。

对别人的不接纳，就是对自己的不了解。一个人表达出来的东西往往跟内心的想法是相反的，反复提及的点就是自己高度关注的点，一切都是在当时场景下最合适的做法，外界种种无非内心的投射。家长要引导孩子融入主流社会，但绝不可以用力过猛或完全放任。任何原则、方法都有其特定的应用场景，我不喜欢用对与不对来评价某种方法，而是看其适合于什么样的场景。

维护关系最重要的是要真诚，在自己家里没必要搞"小动作"、耍"小心思"。家长为了拉近与孩子的关系，可以主动做一些事情，也不要有太多的功利心，就是单纯地拉近关系。因上努力，果上随缘，我们把善的种子给孩子种下来，就应该相信孩子不会结出坏的果子，至于果子是不是符合我们的期待，这个不好说。因为期待是会水涨船高的。家长千万不要因为孩子好起来了，就又增加期待了，这样会给孩子增加很大压力，他还不如继续病着。孩子生病了，家长去学习、去成长，孩子就能从生病中得到很多额外的好处，比如家庭氛围的改善，以及家长对自己的和颜悦色、宽容与接纳等。如果因为孩子好起来，家长的期待就随之增加，最终导致孩子不愿意好起来，就是一件很悲哀的事情了，但这在现实生活中却很常见。

家长与孩子的矛盾，比如无法进行有质量的交流，甚至出现语言、肢体冲突，主要出在关系的边界上。家长与孩子的关系永远是相爱相杀的，只不过在孩子幼小时，如果家长处于绝对控制地位，孩子没有自己的意愿，那么当孩子长大后，就容易选择逃离和对抗。

家长让自己快乐起来要比让亲子关系变好更重要，守好自己的边界，给孩子更大的空间，在此基础上再考虑如何提升孩子的自信、能量。关系是基础，关系稳定了，出点事情也不会有大的麻烦；关系不稳定或者不好，一点风吹草动就会出大问题。

2. 处理关系问题需要觉察

如果能够放下外部的规则，回归本心，允许家里每个人都可以按各自喜欢的方式成长，许多貌似无解的问题都将不再是问题。

解决关系问题不能完全靠理性

在应试教育的大背景下，我们关注的多是孩子的缺点而不是优点，比如，我们安排孩子去上补习班，补的都是孩子成绩不好的那些课程而不是优势课程。家长认为的问题，未必真的是问题，而是家长没有看到孩子的优势。

当我们遇到问题时，第一反应往往是我们应该做些什么来解决问题，而不是试图与问题和平共处，也就是改善与问题的关系。解决问题需要理性，但家庭关系中的问题是不可能完全靠理性解决的，于是它们就很容易演化为控制、愤怒、焦虑等负面情绪与行为。

关系问题的背后都有一个或几个人。尤其是心理问题，基本上

都是因为人际关系出了问题。改善关系很多时候只需要一句恰当的话，或者一个温暖的笑脸。而这无关智商，关乎情商。

家长的作用并不是引导孩子走出来，我们不可能抓住自己的头发把自己拉离地球，家庭系统内部无论怎么做功，都不会产生一个向外的动力。家长的作用是通过学习让家庭状况不再坏下去，托住孩子的底。在关键时候家长可以适当引入外界的力量，比如引入心理咨询，或者引入孩子的朋友、同龄人，或者引入孩子比较信任的、有权威的老师、校长等，通过他们的引领，把孩子从这个环境中拉出去。外力发挥作用的前提是家庭氛围的改善，否则，这些力量就会被家庭的内耗抵销。

至于孩子释放情绪时强调的一些事情，家长纠结其是否真实发生过，意义并不大。孩子反复强调这些细节，只不过是在用这种记忆来保护自己，不敢直面自己。家长看到了这一点，他的话是不是真实的就不重要了，不评判，不解释，不去寻求真相，否则又会对孩子造成新的伤害。孩子的情绪本来已经释放出来了，又被家长的刨根问底硬生生地压制回去，何苦？能解决问题最重要，真相不真相的，有时候真的没有多大意义。

抽离能让智慧发生作用

从心理学角度来看，处理问题实质上是一个对可选择的行为进行决策并付诸行动的过程。理性决策须要消耗大量的资源，而人的本能就是尽量减少资源的消耗，所以，很多决策尤其是重大决策往往基于直觉而不是理性做出的。

重大决策须要消耗的资源更为巨大，很多决策所需的资源已远远超过决策人自身拥有的全部，反而无法遵循理性规律。比如，有谁见过谈恋爱时会根据预设的各种指标得分来做出选择的？家长面对孩子的问题，当自身拥有的资源无法支持决策时，只能选择逃避，通过悲伤、焦虑来掩饰自卑。这也是家长需要学习成长才能帮到孩子的一种心理学解释。

当自己觉得没办法了，才会想着去找新的办法，不然，就只会重复以前的办法。家长不会因为学到了什么知识而改变，但会因一次触动而改变，前提是家长有被触动的意愿。

当我们的理性被情绪的迷雾笼罩时，事情往往是不可控的。每个人都是本自具足的，但具足的慧根常常被各种东西遮盖着，不能第一时间跳出来支配我们的行动。让自己从问题、情绪中短暂抽离出来，给智慧留出发挥作用的空间，是最实际的操作。只要能够在遇到事情的时候，迅速让自己从中抽离出来，理性就能发挥作用，该淡定就淡定，该活泼就活泼。

冥想能让我们在情绪波动时迅速进入放空状态，让自己的思绪从纷乱的情绪中抽离出来，留出时间让理性发挥作用。当然，只要是能够锚定情绪，在人的情绪波动时起到抽离、安心作用的方法，都是非常好的。

控制人的思维主要是大脑里的前额叶皮质和杏仁核。前额叶皮质负责理性思考，但发育迟缓，一般要 25 岁以后才能发育成熟，而且启动比较慢。杏仁核负责探测危险，人遇到问题后的下意识反应主要是由这个部分决定的，属于受人格类型决定的本能，早在自我意识形成之初的婴儿期就已基本定型，这就是所谓原生家庭的影响。人在遇到事情的时候，只要给前额叶皮质留出起效的时间，就不大会被本能支配，后天学习到的东西才有发挥作用的余地。但这个须要经过不断地学习和实践才能形成条件反射。青少年容易冲动，中老年人相对比较理性，就是这个原因。

合理的距离是改善亲密关系的不二法门，抽离能产生距离，有足够的距离才可以获得足够的加速度和让智慧发挥作用的空间。这种距离产生美的现象十分普遍，家人的苦口婆心不如老师的三言两语，更不如校长的一句话，就是这个道理，毕竟距离的差异摆在那里。家庭关系出现扭曲时，家长要从这种过于紧密以至于超过正常

界限的亲密关系中抽离出来，守住自己的界限，恢复家庭成员之间的正常关系，恢复合理的距离，做到心甘情愿地为孩子点赞，温柔而坚定地对孩子说"不"。

这种抽离是很考验家长智慧的，抽离的幅度太大，会导致与孩子关系的疏远；抽离的幅度不够，又起不到效果；抽离的时机不对或不会随机应变，也会起到反作用。这种抽离也很需要家长的能量。要改变多年甚至几十年形成的行为方式，不下定足够的决心、没有足够的能量输入，是抽离不出来的。

大道理是世上最没用的东西

事实上，无论是实践还是理论，现在比较通行的观点是，决定行为的认知是无意识的，即使是精神分析流派，也逐步使用"认知无意识"来取代"潜意识"的概念。提升认知，提升的是认知的意识化程度，也就是尽量将无意识意识化。回到家庭氛围的话题中，家长的心安不下来，一切就无从谈起。这会是一个漫长的学习成长过程，缓不济急。换一个可以实际操作的做法，就是在学习过程中，家长要把自己的情绪波动与某种行为形成一种条件反射式的锚定。当自己的情绪出现波动后，可以自动进入特定的行为，从而给理性的发挥留出时间，让自己的内心安定下来。

我们在生活中的选择往往都是非理性的，认知大部分都是无意识的，并不总是被理性控制的。真的没必要去讨论某件事情是对还是错，因为讨论事情的对错时隐含了一个前提，即某件事要遵循某种超越情感的评判标准。当家长说要去引导孩子不再日夜颠倒地玩手机，其隐含的标准是日夜颠倒地玩手机不对。当然，从社会主流价值观角度来说，这肯定是不好的，但在孩子出现严重心理问题的特定场景下，这种行为是合理的，它可以让孩子停下来休息，避免心理伤害的进一步加深。

当你把生活的过程看作一种感觉，你就可以只关心其中的体验，无论是喜是悲、是苦是乐，都是一种难得的经历。当你把生活的过程看作一种状态，把想要实现的目标当作结果去追求，你就会不断地去比较，给经历下种种定义，使自己的内心经常处于被情绪、欲望控制的境地。

关注结果可以让我们以更加积极的心态面对生活，但当家庭氛围出现问题后，多关注感觉和体验，则更容易让自己的内心平静下来。笑看云卷云舒，因上努力，果上随缘。平静就是学会控制自己的情绪和欲望，为解决问题提供基础，至于解决方案，永远都在自己的内心，无须外求，这就是本自具足。

3. 改变家庭氛围

不被外物役使，就可以平静地面对世事纷扰；做好当下，接纳生活中的种种不如意，内心就会充满阳光的能量。

抓住契机改变家庭氛围

家庭遭遇重大危机往往就是改变的契机。要抓住机会勇敢地跟孩子说"不"，当然是要在确保安全的前提下。夫妻之间可以做好分工，一个唱红脸来制定规则，一个唱白脸来做好切割。家长如果内心感到委屈，不妨哭一下、示弱一下，处理好的话这也是家庭关系改变的一个契机。不是说哭就能解决问题，但如果实在感觉委屈了，就不要压抑自己，可以大胆表达自己，接下来要抓住这个机会，重建家庭规则，去改变一些东西。如果只是宣泄情绪，宣泄完了就结束了，意义不大。

家长在与孩子交流时，尤其是在与出了心理问题的孩子交流时，在孩子没有明确提出要求的情况下，不主动给孩子建议是第一原则。如果孩子有要求，也要谨慎满足，尽量只谈经验，只给很具体的建议。孩子如果没有很明确的需求，只是泛泛地表示想怎么办，家长就要引导孩子把空泛的需求逐步细化，从而降低情绪浓度，帮

助他找到解决之道。不仅对孩子要这样，对其他人如配偶、同事、朋友等，也都要这样。

在我陪伴家长的过程中，比较常见的是家长对这些道理都懂，但就是做不到。这种情况或许是家长潜意识里在抗拒，又或许是家长没有赋予这些道理以合理的信念。只靠一些概念性的话题是不能解决实操问题的。家长要先提高认知才能做到，道理很正确，但不能解决问题。

提升智慧与能量，最佳途径就是学习，不是死读书，更不是听那些所谓"大咖"云山雾罩的理论。学习应该是从别人的成功中得到信心，从别人的方法中汲取营养，加上一些基础理论方面的支持，在自己身上以小步快跑的方式不断实验，不断改善心态与认知，不断调整与家人之间的距离，而不是拉着家人一起调整。找到让自己舒服并让家人接受的模式，给孩子一个合适的安全空间，最终达到让自己开心也让家人舒服的最佳状态。

家庭内部关系的有效处理

对未成年孩子进行必要的控制是家长的义务，但这种控制应当随着孩子的成长而有所变化，要允许孩子有秘密。孩子长大了，就必然要有自己的社会空间。孩子有了不愿意让家长知道的事情，这个时候家长对孩子进行秘密的侵入，就是一种过度控制。

家长无须无条件尊重孩子，把孩子的事情完全交给孩子自己决定的做法是否合理还要看场景。一个还在上中学的孩子缺乏基本的社会阅历，是没有能力做出人生的重大决策的。这个时候家长对他的无条件尊重，不如说是漠视。比如休学与复学的问题上，家长需要帮助孩子扫清障碍，守住孩子的时间窗口，关键时候轻轻地推一把孩子。

面对挫折时，人的能量不足就会选择逃避。有些孩子把抨击教育体制当作自己内心冲突的出口，一个没见过真实世界的孩子，哪来正确的世界观？但若家长允许孩子保持不合理的行为状态，孩子就不再须要寻求对抗家长的方法，就会减少内心冲突，为成长留出空间。

家长要始终坚信，孩子只是生了病，种种所谓不良表现都只是疾病的症状，而不是孩子的本质。孩子出现的日夜颠倒地玩手机、不能上学、易激惹等现象，是疾病的表现，但为什么很多家长的第一反应不是想着去做好护理，而是要去纠正呢？说到底，还是家长不愿意接受孩子生病的事实。家长有强烈的病耻感，却让孩子放下，这对孩子来说真不公平。

一些家长的潜意识中可能并不希望孩子好起来，很简单，孩子出现抑郁症状，就意味着家长以前的养育方式、家庭关系等都出现了很大的问题，这个结论很容易摧毁家长的自信心。我经常见到家长在说起孩子的情况时，因抑制不住内心的痛苦而哭泣，从心理学角度来看，这是一种心理防御机制，让人逃避问题，以免痛苦进一步扩大，这在当时的场景下是有益的，没必要试图去纠正。不需要用对与错来评价一件事情，而是要把这件事放到当时的场景中去讨论其合理性。一般来说，我们的行为在当时特定的场景下，一定是有意义的，即便现在看来是不合理的。有些家长选择了拼命学习，真的很勤奋很拼命，每周七天基本上都排满了，只要有空就四处报名学习。其实这只不过是在缓解自己内心的焦虑，是在逃避当下的一地鸡毛。毕竟哭、学习都很简单，而要割开伤口真的很残忍。但不把伤口割开，不把脓挤出来，伤口就始终还在。要解决问题，首先得直面问题。

营造有爱的家庭氛围

高度结构化的环境容易让人产生安全感，但这需要规则的支撑，而规则往往是控制，控制是破坏安全感的不二法门。如何在两者之间找到平衡，是父母需要修炼的功课。

处理家庭关系问题要记住八个字："嬉皮笑脸""没心没肺"。装聪明我们装不了，装傻还装不了吗？其实事情没那么严重，到不了我们想象中的灾难化程度，完全没必要过度夸大。

人际关系的处理模式往往都有着原生家庭的痕迹。有一次我与一位家长交流时，他谈到了孩子小的时候自己对孩子的打骂。经过深入沟通后，我发现这位家长从小就经常受到自己父母的打骂，现在他对孩子的行为只不过是在复制他自己的原生家庭模式。

不要试图用什么方法去疗愈孩子，因为这会让亲子关系更加不平等。家长觉得孩子缺爱，所以要用什么事情来表达爱，要给予孩子补偿，这表明亲子之间其实处于不平等的状态。当家长的付出没有得到回应时，这种不平等就会转化为愤怒。示弱是处理关系的利器，对家长、对孩子都一样。当爱的双方平等了，就会是嬉笑打闹、鸡毛蒜皮的人间烟火，这才是幸福应该有的样子。

孩子只是生了病，病是完全可以痊愈的，病因基本上都是关系出了问题，要想痊愈关键还是在于关系的改善。医疗可以有效控制、改善抑郁症状，但不能解决关系问题。关系的改善有方法，其中看到孩子行为背后的需求是最重要的，这是家长可以通过学习获得的方法。关键在于知行合一，达成认知与行为的统一。家庭关系是一切关系的基础，要依照从夫妻关系到亲子关系、从母子母女关系到父子父女关系的序位进行处理。家长让孩子看到好的关系是什么样子的，他就会明白应该怎么做。夫妻关系改善了，孩子就知道亲密关系是什么样子的；家长有自信了，孩子就知道什么是力量；家长脸上有笑容了，孩子就知道什么是阳光。总之，家长成长了，孩子就知道什么才是好的方向。

如何检验亲子关系改善的程度？有个很简单的方法，如果孩子在学校闯了祸，或者被霸凌，他会不会主动叫家长来处理？如果他知道家长会无条件帮他，他就会主动叫家长，这就是孩子信任家长、具有安全感的体现。不用担心宠爱孩子会不会让孩子变坏，要相信自己、相信孩子，大家都会找到适合自己的尺度。

孩子的不安全感有很大一部分源自父母的不安全感。有些家长不敢跟孩子说"不"，以过度的迁就维持跟孩子的好关系。家长内心有安全感，就不怕说"不"，就可以不迁就孩子，这虽然会激发孩子的一些情绪反应，但孩子不会因此增加恐惧。安定的情绪、明确的边界能够给孩子信心与安全感。

都说不能让孩子输在起跑线上，不要忘了，家长自己就是孩子的起跑线。不要让孩子把"避免成为和父母一样的人"当作自己的信念。从今天起，家长要做一个"嬉皮笑脸""没心没肺"的人，做个天塌下来还能笑出声的人！

4. 提升夫妻关系

家庭关系的核心是夫妻关系，良好的夫妻关系能够为孩子提供一个安全可靠的成长环境，是孩子获得安全感的基石。

维持好的夫妻关系是家庭稳定的基础

与家长交流时，我经常听到妈妈抱怨爸爸的逃避、不进步等。这种愤怒背后的需求是什么？其实妈妈是在释放自己的攻击力，即使对方按自己的意愿改了，她也会去找新的攻击点，因为这种攻击力还在。久而久之，"猪队友"就会因习得性无助而退缩"躺平"。孩子不就是因为这种习得性无助而倒下的吗？

适度降低期望值会增加亲密关系的融洽程度。假如夫妻之间亲密度为 80 分，若期望值是 90 分，则满意度为 –10 分；如果期望值是 50 分，则满意度为 30 分。同样的亲密关系，期望值降低后，满意度就上升了。所谓七年之痒，就是关系的亲密度降到比较平稳的水平，而期望值仍停留在较高水平所导致的。夫妻间要允许不好的东西存在，也就是说，降低了对对方的期望值，满意度就会上升，

反之也一样。对于那些好的东西，你习惯了，希望它能始终保持，期望值就会上升，满意度就会下降，这是亲密关系发展过程中正常的现象。各种不满、不允许，背后是这个逻辑，看到了，就知道应该怎么去做。夫妻之间的冲突，没必要全都上纲上线，至少双方能够共同生活那么多年，说明当初的情感基础还在，只不过期望值发生了改变。

家长中的一方如果基本上不参与孩子成长的过程，就很容易造成夫妻之间的冲突，并将孩子卷入其中。当家长不清楚这样做的后果时，问题处理起来就非常麻烦。允许自己不成长，允许自己不原谅，允许愤怒，接纳、允许的同时就已经赋予生活新的意义了。每个人都经常需要优越感来建立自信、克服自卑，但过度的优越感会让人过度自恋，会让人在面对各种批评时感到被冒犯，进而走向自己初心的对立面，这就是异化。

幸福不会始终充满激情，终究都会回归平淡、理解和信任。但孩子没有经历过这个阶段，就觉得与家长的身体接触、语言表达等很重要。

夫妻冲突中受伤的孩子

有一些家庭夫妻关系还算比较和谐，但孩子仍然出现了严重的心理问题。出现冲突以后，夫妻双方是如何解决的，这才是衡量夫妻关系好坏的标准。

夫妻出现冲突是很正常的事情。处理冲突的方式有好几种。别看有些夫妻经常吵吵闹闹的，但大家都开开心心，发生冲突时当面把话说开，事情就过去了，这就是我一直在讲的人间烟火气，家庭问题大都是些鸡毛蒜皮的事情，夫妻之间讲开了，就不会把某件事情越闹越大，这种状态是最好的。另一种是双方很理性地通过讨论达成共识，这是一种比较理想化的状态，但这更像是一种商务谈判，总感觉缺了一点家庭烟火气的温暖。第三种是相敬如宾，发生冲突后为避免争吵，用不予理会的方式避免冲突，而不是一起去解决问题，这是很常见的。逃避是一种防御，实际上是大家都懒得吵了，"你要怎么样随便你"。还有一种是最不好的，夫妻一遇到事情就吵架，而且往往还会把孩子卷进来，让孩子无所适从或者加入一方的战队，对另一方产生复杂的情绪。

夫妻关系或者家庭氛围出现建设性的改变，往往是以家庭出现危机为代价的，如果家庭没有出现危机，家长可能都不会想着要对家庭关系做一次重大调整。当家长认识到这一点，也做出调整了，那么孩子那么多年下来形成的习得性无助，长期被父母关系困扰而形成的不安全感就会很快消失吗？夫妻关系改善后，以孩子有限的经历来看，会不会觉得这种改变是虚假的？孩子可能会觉得自己继续维持这种精神状态，父母之间的关系会继续好起来，这也叫继发性获益。

没有一个孩子是不爱父母的，只不过因为长期处于一种比较绝望的状态下，处于不安全的状态下，才会产生怨恨。曾有一个家长跟我聊起孩子跟爸爸的关系非常不好，要把爸爸赶出去，还一门心思要他们夫妻离婚。换个角度去看，孩子这种非常激烈的情绪表达背后未被满足的需求是什么？还有哪些希望被家长看到的需求？没有一个孩子是天生痛恨父母的，只不过因为有些东西长期得不到满足，才会用这种反向形成的方式，表达跟真实愿望相反的诉求。

孩子为什么会出现严重的心理问题？因为孩子长期处于不安全感中，这不太容易在很短的时间内，甚至一两年内得到解决。没有一个孩子愿意沉沦在这种状态下，孩子也想让自己好。当孩子意识到父母关系真的改善了，就会慢慢调整自己。

相爱相杀的夫妻关系
夫妻关系一定是柴米油盐的关系，出现一些吵吵闹闹也是正常

的，所谓小吵怡情，这是正常的亲密关系的一部分，但如果不加控制，就会对亲密关系造成破坏。

家庭关系中，夫妻经常吵架一定不是关系良好的表现，但相敬如宾也未必是好的关系。相互不尊重肯定是不好的，相互过于尊重也不好，这里须要把握的是分寸感。每个家庭情况都不一样，没有一个公式可以套用，但无论如何，正常的家庭一定是一个充满人间烟火气的家庭，家务事一地鸡毛，大家嘻嘻哈哈地有点小冲突，很热闹的样子，才是正常家庭应该有的样子。

孩子出了状况后，夫妻关系的好坏在很大程度上决定了孩子康复进程的长短。没有不爱孩子的父母和不爱父母的孩子，只是爱的方式出了问题，即处理相互关系的方式出了问题。如果理顺了关系，爱就能自然流动起来。夫妻要成为对方的情绪容器，当一方须要释放焦虑、恐惧等负面情绪时，另一方要能够温柔以待，要看到对方的需求，做好疏导而不是堵截。

每个人都是感性与理性的结合体。反应很快、思维很跳跃的人，他的行为方式通常以感性为主，他也往往会很快就做出决定。一个人如果话不多，那么他通常就是偏理性的，往往会比较优柔寡断，纠结于很多的事情，把各种各样的因素都考虑到。一个人在找对象时，通常会选择一个跟自己性格互补的人。但互补实质上就是行为模式的不一致，随着时间的推移，这种不一致会被放大。

情绪是用来释放的，问题是用来解决的，错误是用来批评的。夫妻要解决的是问题，而不是情绪。夫妻难免吵架，无论对方释放出来的情绪是什么，都不是问题，更不是错误，问题是为什么对方会释放出如此强烈的情绪。夫妻如果进入战斗模式，就容易把情绪、问题误认为错误，陷入相互批评的状态。这种对抗行为在夫妻关系比较紧张的家庭里更容易出现。当理解了对方只是在释放情绪以后，解决问题的方法也就自然而然出现了。

还有一种情况会更常见一些，就是夫妻关系处于不冷不淡、

"相敬如冰"的状态，家庭氛围冷冰冰的，缺乏应有的烟火味。这种状态下，家长也容易相互指责或各怀愧疚，这对于孩子而言也是很不友好的。

父母双方的亲子关系表现存在差异

父子父女关系与母子母女关系的表现存在明显差异，这是由男女双方的生理、心理特点导致的，并不意味着爱的程度有差距，更多的是因为爱的方式不同。

有些爸爸承担的社会责任较大，他们思考问题多以结果为导向。如果他觉得无法让问题按照自己预想的方式解决，或者至少没有办法在短期内解决这个问题，他就会更倾向于躲避，直到想出办法或者看到妈妈采取的措施出现成效为止。而在这个躲避的过程中，他非常不愿意任何人来干预他的思考过程，任何外界对他的关心，他都会认为是一种攻击，是对他的不信任，是对他能力的怀疑。爸爸的这种逃避行为往往会被妈妈认为是拒绝承担责任，甚至会被认为是对妈妈行动的抵制。而妈妈通常是先采取行动以解决自己内心的焦虑，而无论这种行动是否真的会对孩子起到正面作用。这种男女之间行为模式的差异是客观存在的，因此妈妈通常愿意参加各种学习而进步较快，爸爸的学习兴趣大多要等到他见到效果后才能产生。没有一个爸爸是不希望孩子好起来的，只不过表达方式不一样而已，爸爸不学习不等于他就不成长，他只是在用自己的方式成长。

有研究者发现，家长双方或者父子、母子双方单独相处时，各自交流的话题会比较多，而两位家长与孩子同时在场时，爸爸明显话比较少，基本上不大会参与话题的互动。因此，家长如果要和孩子商量事情，夫妻要事先沟通，基本达成一致。家长共同努力，就能让家庭能量不断提升并流动起来，让家庭充满阳光。

独立抚养者

这个世界上没有所谓单亲家庭，有的只是独立抚养孩子的家长。导致夫妻关系分离的原因主要有离异和丧偶，无论是何种原因，这都是家庭中最严重的危机事件之一，孩子出现心理问题的概率会高于其他家庭。对于孩子来说，他的原生家庭过早解体，家长如果没有及时处理好自己的问题，也就很难处理好孩子的问题。

孩子对于家长一方的逝去出现创伤后的应激反应是很正常的，此时他须要接受一些专业处理。如果处置得当，应该不会产生太严重的心理问题。这样的孩子会比较容易接纳新的家庭成员，接纳对原有的父母关系的切割。如果丧偶的家长也处于创伤后应激障碍（PTSD）中，家庭陷于巨大的负面气氛中，就需要心理学意义上的哀悼来跟过去告别。传统习俗中的"做七"就是一种哀悼仪式，通过持续开展的有仪式感的行为，完成对亲人的告别。

夫妻离异是导致独立抚养孩子的主要原因，而夫妻走到离异，肯定会经历一个长期的冲突过程。常见的是孩子在冲突中选择了其中一方站队，或者选择了逃离，这都会对孩子造成严重伤害。

当夫妻离异后，作为家庭关系核心的夫妻关系已经终结或重组，但亲子关系还在。父亲此刻对母子母女关系的干涉，通常会被认为是对母亲的敌意，会引发母子的愤怒和攻击，更会加重孩子的心理负担。此时若双方都释放足够的善意，则又会使孩子困惑："父母为何当初要分开，是不是因为我做得不好？"夫妻双方往往很难把握好这个度，尤其当一方对另一方怀有强烈敌意时，就会叠加很多负面的情绪和攻击，给孩子造成深深的伤害。

离异后，母亲通常都会对孩子产生强烈的愧疚感，觉得自己没有给孩子一个完整的家，加上缺少父亲的促进分离作用，母亲就会因无法与孩子分离而产生严重焦虑。重组家庭之后，新的夫妻关系产生，但新的丈夫往往无法以父亲身份完成促进母子母女分离的任务。对于孩子来说，母亲的新丈夫以外人身份延续了父亲对母亲的争夺，尤其是有了新的孩子以后（事实上，在原生家庭，二胎等新成员的加入，对于孩子来说都是对母亲的争夺），孩子会难以面对被迫分离的痛苦。母亲若不能处理好愧疚感，就很难实现与孩子的恰当分离，会给自己和孩子都造成很大的伤害。由爸爸单独抚养孩子同样也会出现这种情况，只是表现出来的方向不同。

无论是什么原因导致的夫妻分离，都会导致作为家庭关系基础的夫妻关系被分解。即使夫妻又复合或重新组合，给孩子造成的损伤也已无法弥补。夫妻长期的冲突或者相敬如宾式的冷漠，都会给孩子带来长久的伤痛。如何合理处置各方关系，在冷战、冲突时不对孩子进行情感绑架，在分离时做好孩子的心理安抚，是此类家长很重要的课题。

四、控制

每个人在各类交往中，都会有试图影响对方，让对方按自己的意图形成对人或事物的认知和行动的愿望，这就是控制。一个人在生活中必然会有各种各样的关系，想让对方按照自己的意愿行事，这是一件很正常的事。只有当控制超过合理的界限时才会成为问题。遗憾的是，每个家庭都或多或少存在家长对孩子过度控制的问题。

1. 共情

家长学习如何共情孩子是非常有意义的。根据马斯洛需求层次理论，一个人在满足生存需求后，必然会要求满足情感需求。偏偏有些家长很少与孩子有情感上的交流，在与孩子共情这方面，大部分家长是有不足的。

共情来自合理的沟通

所谓共情，无非就是让对方觉得他还在自己熟悉的环境内。实现与对方的同频共振，是改善关系的基础。共情不仅仅是要共情到对方的情绪，还要共情到对方的潜意识，对方的需求、动机、信念、认知等等，是一种双方互动的结果。家长能否客观、理性地真正共情孩子？通常，内心没有真正安定下来的家长所谓共情往往都是一厢情愿，如果能真正做到共情，孩子是不大可能出现严重心理问题的。

情绪无法沟通时，只需要观察。发微信时加表情包，是在传递情绪，但过多的情绪表达会让对方感到不悦，而且容易被误读。感受、认知、需求才可以沟通，合理的沟通方法有利于达到效果。面对面沟通是最好的，但吵架通过微信来吵可能更合适，这样就不容易引发情绪升级。

家长应该先把注意力放在辨别行为的目的上，而不是急于找出导致问题的原因。与孩子沟通前首先要学会区分孩子表达的是情绪还是需求。如果只是情绪的释放，就不妨从处理孩子的感觉入手，有必要的话再来讨论引发情绪的点。需求与要求的区别在于当对方不满足我的请求时，我的感受是什么？如果是生气抱怨，那就变成要求了。而需求是我有请求的权利，你也有拒绝的权利，我们彼此会尊重接纳。

爱是一种情感，讨论什么是爱，很多时候只是在讨论需要把什么不愉快的感觉抑制、隐藏起来，而不是讨论作为情感的爱的本身。感同身受，往往是因为他人的痛苦诱发了自己痛苦的感觉，激发起对自己痛苦的防御。人类基于道德动机，设法避免他人痛苦，这就是慈悲心。一个人能始终保持情绪稳定是不可能的，绝大多数的情绪释放只是在特定场景下将此时此刻的感受脱口而出，从而使情绪得到平复、宣泄。没什么对与错，没什么大不了，平静地接纳就行了，对他人、对自己，都是如此。

家长觉得自己没有把焦虑表现出来，但它其实是掩饰不住的，尤其是得了抑郁症的孩子，他们特别敏感，而家长基本上也是这种敏感型的，一家人长期生活在一起，哪怕没看到对方的表情，内心都能很明显地感觉出来。

如果不知道跟孩子说些什么，那就不说，如果非说不可，那就说点风花雪月，多讲讲乱七八糟的闲话、废话，还可以用这些话来和孩子交流，"然后呢？""确实""说下去""我明白""我在听""请继续"等，废话是人际关系的润滑剂。如果觉得讲这些会感到不舒服，那是你自己的事情，自己去处理就好。

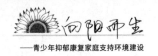

沟通的几种模式

沟通的目的并不在于区分对与不对、好与不好，而是找出双方的相同与不同之处。谈话是在宣讲自己的观点，主客分明，支持自己，其目的是解决问题。倾听孩子讲述时，学会区分自己是在接纳孩子的情绪，还是在试图改变孩子。对话需要态度中立，倾听对方，平等交流，其目的是建立关系。想把什么都搞清楚，就是一种智力过剩，是自恋，是冷漠。一人一句的对话，就能形成一种联结，在与孩子交流时，家长不要让自己成为话题终结者。

萨提亚的家庭动力学流派认为，人有以下多种沟通模式。

表里一致型是萨提亚所倡导的目标。这种模式建立在高自我价值的基础之上，达到自我、他人和情境三者的和谐互动。这种模式的人在言语中表现出一种内在的觉察，表情流露和言语一致，内心和谐平衡，自我价值感比较高。

在这种沟通模式下，家长首先会认同孩子的情绪，承认孩子情绪的合理性，肯定孩子的努力，再一起来探索情绪背后的问题，这就是"先跟后带"的沟通方式。

讨好型的人忽略自己，内在价值感比较低，把责任归到自己身上。这种讨好型沟通模式常见于与孩子无法分离的妈妈身上。看起来家长的态度非常和善，甚至习惯于道歉和乞怜，但其实家长总是让孩子不耐烦。比如，孩子随口说了一句今天的菜不好吃，家长就立刻表示是自己没做好菜，还"吧啦吧啦"一大堆。在陪伴家长过程中，我发现一些存在分离问题的妈妈也时常会在展开讨论时，立刻把问题归到自己身上，使沟通无法深入。

指责型的人则常常忽略他人，习惯于攻击和批判，将责任推给别人。这种模式多出现于比较自恋的家长身上，还常见于辅导孩子做作业的场景中。在一个家庭里，往往每个人都需要有一个相对固定的指责对象，比如妈妈指责爸爸、爸爸凶孩子、孩子攻击妈妈。

动不动埋怨"猪队友"，也可以归到这种模式。在需要为自己的行为合理化时，也会出现这种沟通模式。

超理智型的人极端客观，只关心事情合不合规定，是否正确，总是把自己放在一贯正确的高高在上的位置，逃避与个人或情绪相关的话题。比如，家长在学习了一些心理学的知识后，对任何事情都会进行分析，都想去共情、觉察，这就会让对方产生疏离感。所以，我一直不建议家长事事都去分析，揣着明白装糊涂可能是合适的用于对抗这种模式的方法。

打岔型的人则永远抓不着重点，思维发散，习惯于插嘴和干扰，不直接回答问题或根本文不对题。他们内心比较混乱，没有归属感，缺乏安全感，交流似乎永远不能在一个点上。比如，孩子只是一次考试没发挥好，家长就会批评孩子这段时间乱花钱、看课外书、玩游戏等。

不过，有趣的是，指责型的人通常会找一个讨好型的人做伴侣，讨好型的人也倾向于选择指责型的人。所以，一个强势的妈妈通常搭配一个懦弱的爸爸，就是这种最佳组合的典型。

引导的目标是直面问题

很多家长面对孩子的种种不是，首先想的是如何引导孩子改变坏习惯。要恭喜这些家长，想到的是引导而不是矫正，就已经是巨大的进步了。引导的目标不是给出答案，而是能够共同去直面问题，如果抱着纠正对方不合理行为的目的，实质上还是在试图控制对方，而不是真正的引导。

让自己直面问题说起来是一件很简单的事，就是让自己回归常识，用最朴素的常识来认识问题、解决问题。孩子只是生了病，孩子的种种不合理表现只是因为疾病，只是不合理，不是不对，这些行为通常是有益的，可以阻止病情进一步加重。孩子内心的痛苦要远远超过家长，毕竟他才是病人。养病养病，三分治、七分养，这

个时候就让孩子退下来好好养病。但这么简单的道理大家都懂，就是做不到，这其实也是潜意识中的抗拒在作怪。

在陪伴家长时，我一般很少直接提出可操作的建议，在没有平复家长情绪、澄清事实的前提下，是无法得出合理的结论的。人人都本自具足，要与孩子一起探索爱的方法，而不是把所谓对的方法教给他们，并不是说得对别人就得照做，不然这与以前的想把孩子的错误改掉有何区别？

有些孩子在与父母关系紧张的时候动不动就会骂家长，谴责家长以前做了什么事害得他成为现在的样子，但如果家长生气了一拍屁股走人，孩子又会大吵大闹。同样地，沉默也很常见，孩子对家长保持沉默，什么话都不想讲。在这方面，我们可以先运用一些心理学上的共情、包容等技巧，让氛围先松弛下来，然后再用比较具体的某件事情来打破这种状态。如果实在无话可说，就坐在那里各想各的，各做各的，这样也挺好。

从孩子的角度来看，是以往不合理的养育方式才导致他成为现在的样子，他现在的痛苦很大程度上是家长当初的不成熟造成的，因此家长可以诚心诚意向孩子道个歉。过去已经无法回去，看到孩子的痛苦父母也心如刀绞。但父母不是你的敌人，疾病才是，我们一起来面对，相信我们一定会始终陪伴你。

当然，任何程式化对话都太假，不要照搬这些，任何交流最重要的是真情实感。

不恰当的引导本质是控制

交流的目的是达成共识，如果达不成共识，至少得形成共鸣，双方都能明白对方的立场，为问题的解决留出空间，学习交流方法的意义就在这里。

该走的路还是必须让孩子自己走，家长可以去引导，但是凭一腔热情去做这件事情的话，很可能会事与愿违。家长能"躺平"就尽量"躺平"，让自己松弛下来。我们看到的东西都是受认知制约的，任何人都不可能超越他的认知看到更多的东西。

不恰当的引导源自对孩子行为的不认同。在当下的场景，家长在焦虑的状态下进行引导是否合适、必要，值得权衡。通常情况下学习只能解决如何行动的技术问题，并不一定能解决是否需要行动的决策问题。

把孩子的未来寄托在其他人包括家长身上，都不能解决孩子内生动力的问题。家长支持的程度如果不能达到孩子的预期，反而可能会带来更大的灾难，一定要用适合的方法激发起孩子的内生动力。无论如何我们都不能对孩子失去信心，一定要坚信"我的孩子是优秀的"。从高期待变成不期待、从高要求变成不要求，这种过山车似的极端变化，会是最适合的方法吗？关键在于分寸感。心灵成长是在做减法，减去多余的期待，恢复自己的本来面目，而不是一定要按照他人的路径来过自己的生活。家长的学习不是为了找答案，而是为了一起经历寻找答案的过程，要看到真实的东西，不要用虚幻的东西给自己信心。如果孩子"起"不来，什么技术都消除不了家长的焦虑。命运早就给我们设计好了程序，我们只是不断进行输入、输出的操作，我们不能获得超越自己认知、超过自身福报的东西，公平也好，苦难也好，做好当下该做的事，包括学习成长，坦然面对结果就好。

如果我们自己还没有成长起来，与其让我们接纳孩子的行为、看到行为背后的原因，不如先放下自己内心的焦虑，以一个平和的心态觉察孩子的痛苦，看见孩子成长的努力，从而让孩子保持对家的依恋，保持对家长的信赖，这才是正途。

2. 放下投射

把自己的情绪投射给别人，是很常见的现象。家长学习心理学的主要目的之一，就是要让自己能够在情绪剧烈起伏时迅速平静下

来，不被情绪左右，更不要将情绪投射给别人。

关系中的各种投射

投射是指一个人把自己的需求和情绪主观地加到别人身上，所谓"我见青山多妩媚，料青山见我应如是"，就是典型的投射。

心理学里的镜子法则的意思大致是通过认识对方来认识自己，你讨厌对方的，就是你自己欠缺的。人际关系中的对方能成为我们的镜子，实质上就是我们自己内在的东西向外投射后，折射回自己的结果。我们将焦虑投射给孩子，孩子也反过来用这种投射控制家长。看见自己内心的焦虑，就可以不让它兴风作浪，不去跟潜意识作对，不让情绪在行为里表达出来，就不会投射给孩子，就能够逐步找到边界。投射跟安全感有关，内心缺乏安全感的人会把焦虑投射给孩子，孩子就会承担起家长的角色，在爸爸面前承担妈妈的角色，在妈妈面前承担爸爸的角色，这会导致他内心安全感不足。

多年来，有些家长一直被各种鸡汤催眠，认为自己要成为最好的儿女、最好的伴侣、最好的父母，当这些目标无法完全实现时，又会把这种期待投射给孩子。当孩子出现心理问题后，家长拼命学习心理学，每天自我催眠要放下期待、全然接纳、使自己成长，于是乎，逼不了孩子就来逼自己。这其实就是家长内心无法实现自己给自己设定的目标所引起的焦虑向外投射。

常见的投射还有在自卑基础上对他人产生嫉妒，如在网上骂人。当我们自己内心安定，对当下的生活感到满意时，很少会去网上骂人；而当我们遇到很多不如意的事情时，就容易在网上找个话题宣泄情绪，这种宣泄投射了自己内心的冲突。

自己没有被满足的需求希望在别人身上实现也是非常常见的投射，比如，主动给别人进行风险提示就是把自己内心的恐惧释放给别人。投射经常会表现为期待、要求、鼓励、评判、指责等，都是在放大自己内心的缺陷。家长炫耀自己或孩子的某些优点或成绩，是因为自己的需求得到了满足，同时投射给了其他人。对孩子的优点视而不见，也是一种投射，只不过是反向的投射。

不做作业父慈子孝，一做作业鸡飞狗跳，辅导孩子做作业时家长的辅导、监督，本身就是一种优越感的体现，孩子的"不认真"是对优越感的挑战，此时家长的愤怒就是很典型的投射。家长期待孩子能按自己的意愿完成作业，当孩子出现拖拉，或者对家长心目中简单的问题不能给出正确答案时，造成家长的期待未能被满足，家长就会将之投射给孩子，愤怒在所难免，结果可想而知，孩子会因为家长的愤怒而对作业产生畏惧，最后就容易成为强迫性重复，一拿到作业就开始紧张，甚至一上学就紧张。

放下期待的方法就是划清边界，自己的事情由自己来处理，别人的事情就让别人来处理。可以给建议、给经验，但不要提要求，不能代替对方去处理。家长划不清与孩子的边界，就是把自己的期待投射给孩子，这又涉及亲子关系分离的问题。

过度担心有如诅咒

担心不是诅咒，过度担心才是，家长对孩子完全不担心，本身是一种反向的担心，是对担心后果的过度恐惧而采取的自我暗示。

我们对他人的担心，尤其是对孩子、对家人的担心，折射出的东西往往都是我们自己对这个东西的恐惧，因为恐惧所以担心，如果自己不恐惧，就没什么可以担心的。

对孩子的担心难免，在中华文化大背景下，家长要为孩子的一生托底，不能离开这个来抽象地谈人性，也不能因为孩子一时的生病就排斥传统文化。不担心本身就是一种对自己的过度期待。适度的担心会让家长产生焦虑，有焦虑才会有动力去学习成长以摆脱当下的困境，过度的担心容易让家长被焦虑困住而难以自拔。

担心往往来自家长内心一直以来恐惧的东西，家长对孩子关心过度，是自己小时候得不到足够的关心所致，是内心觉得自己小时

候缺爱。家长觉得对孩子的控制是理所当然的，往往是因为家长自己小时候也被家长控制。

当今社会发展速度已远远超出了家长的经历，家长用自己的成长经验来约束孩子，这本身就违反正常的社会发展规律。放下担心，专注当下，给孩子更大的空间而不是让孩子始终生活在自己的羽翼之下，这才是家长需要学习成长的地方。

放下担心，是让家长认识到，家长的义务只是托底，托住基本生活需求的底，除此以外所有事情，应当由他们自己来决定，即使孩子的认知还达不到解决真实社会中存在的问题的水平。要知道，孩子的一生中，只有这个时候的试错成本是最低的，让他们在这一阶段完成社会历练，这对于未来是非常有价值的。家长还是有担心，也是正常的，但是家长应当学会自己来处理，不把这种担心投射给孩子。

要真正放下对孩子的担心，就要先明确未来的方向。但家长要么把自己未能实现的期待当成孩子的未来，而不顾是否具备实现这个目标所需要的环境和资源，要么对于未来规划得过于细致，甚至具体到现在每天、每小时要做的事情，把孩子死死地框在自己设定的架构中，对孩子的生活习惯进行全方位、无死角的全面控制。这两种情况都会产生同样的结果，孩子要么容易出现失落感，即所谓空心病；要么产生对家长的对抗，即所谓叛逆期，最终容易产生心理问题。

当这种让自己心力交瘁的控制换来的是孩子严重的心理问题后，这种失落感又往往会转化成焦虑和对家人的愤怒，所谓的"猪队友"就会成为最好的"背锅侠"。

明确正确的方向才能放下期待，放下期待才能放下过度担心。家长还是要回到初心上，要支持孩子扩大自己的天空，而不是给孩子一片天空，要思考给未来一个怎样的孩子，而不是给孩子一个怎样的未来。只要我们找到了正确的方向，就可以把一切交给时间，时间会给我们结果。

放下期待是正道

期待是把自己未能被满足的需求或者未能实现的愿望投射给孩子，希望由他来代替自己实现。

一个家长对孩子完全没期待，就像原生家庭的影响在一个人身上完全被阻断一样，这种可能性是不存在的。尤其在东方国家，人们特别注重孝道、血缘关系，想把这种关系完全切断，社会规则的压力是家长完全无法承受的。虽然说长辈的某些行为很不合理，但我们又能怎么样？只能尽一份孝道，不让他们影响我们当下的生活。为什么我们没办法放弃孩子？就是因为放弃后我们所面临的社会压力将让人无法逃避。为什么会有病耻感？为什么会有屈辱感？原因也是在这里。

期望值与认可度是一对互补的概念。如果孩子考试成绩是100分，你的期望值是80分，对他的认可度就是20分，如果期望值只有60分，认可度就变成40分，期望值是120分，认可度就变成–20分。放下期待，就能提高对孩子的认可度。反过来也一样，孩子不认可家长、恐惧家长，说明孩子对家长的期望值还比较高。不能要求孩子降低对家长的期望值，只能努力使自己成长，提高孩子对家长的认可度。

比如孩子考了95分，家长的期待是满分100分的话，认可度就是负分，家长就会把关注点放在那失去的5分上，会关注为什么做错、错在哪里、有没有纠正等，但这个95分才是他当时的真实水平，而不是失去的5分。家长在辅导孩子做作业时，经常把孩子弄得鸡飞狗跳，也是这个道理，实际上是因为家长把满分的期待投射给了孩子，却看不到孩子真实的状况。

如果家长无法实现自己期待中的目标，就会把这个目标转嫁给孩子，当孩子不能按家长的标准做好时，家长就会担心目标不能被

实现，就会通过指导、期待、控制来矫正所谓负面行为，而这种矫正实际上是在强化孩子的负面行为，家长辅导孩子做作业就是典型的反向强化。从某种角度来说，这也是家长全能自恋的投射，觉得孩子按照自己的期待做事情就可以实现目标。

有期待是合理的，没有期待才是不合理的。家长需要做到的是不把这种期待转化为对孩子的约束和要求，约束和要求实际上是对孩子生命力的攻击。一个人掉进黑暗里，首先应该做的是静心等待，等到双眼适应黑暗后再采取行动，而不是马上寻找出口。孩子有向上的动力，现在只是有些不足而已。处理好自己内心的冲突，才是对孩子最好的行动。

3. 放下控制孩子的念头

有很多家长经常来咨询一些问题，比如，如何引导孩子，如何让孩子运动起来，如何让孩子去学习，等等。我的回答往往都是：家长与其改变孩子，还不如学会接纳自己。放下自己天地宽。家长只要允许自己不成熟，允许自己无能为力，就会觉得孩子真没什么大的问题。

做 60 分的家长

一个系统总需要有人承担焦虑。如果这个系统只有家长和孩子，那么它就是一个相互影响的关系。如果开放了，这一切就可能会让其他人承担。

这个世界上找不到一个没有心理问题的人，只不过程度有轻有重而已，只要不影响正常的社会功能，就不需要去处理。如果影响到正常的社会功能，影响到正常的生活，慢慢加以改善就好了。

一个强势的家长往往会培养出一个很弱势的孩子，这样的孩子出现心理问题的概率比较高。强势家长就是试图让自己拿到 100 分的满分家长，在社会上高度内卷，不允许自己出错，这种高度的内卷会投射给孩子，让孩子无从学习如何关心自己、接纳自己的出错。

包容，在很大程度上还是在想着改变对方，隐含的前提是被包容的是不合理的信念和行为，这就是一种评判，一种负面的评判。让自己具有包容心是一种智慧，但对于被包容者来说，这未必是一种平等的相处，很多时候更像是被居高临下的优越感侵犯，还无法通过自我合理化等方式来解释，被包容者越被包容，就越不容易成长。

生命的意义在于被别人需要的价值，家长对孩子关怀备至，就是剥夺了孩子对生命的体验，要让孩子体验学习之外的价值。从今天开始，就做一个阳光而粗心的 60 分家长吧。Good enough，足够好就行，把对自己的期待从原来的 100 分降到 60 分，剩下的 40 分留给孩子去认可，没必要时时刻刻追求完美，允许自己出错，让孩子从家长身上学会如何关心自己、接纳自己。

家长内心有问题很正常，遇到孩子的问题，谁都会首先选择逃避。但是，逃无可逃的时候，也只能去面对。家长应该跟孩子一起面对这些事情，没必要只是自己苦苦支撑着。家长处理好自己的内心，不再消耗孩子的能量，就是给孩子赋能。人生难免会遇到很多问题，解决问题的方法一定在自己这里。

任何人都不可能完美，也没必要追求完美。60 分家长是一个非常好的概念，也就是说，我们愿意接受我们的行为差不多一半都是不完美的，都是有问题的，这才是对自己真正的接纳，是给了自己一个很好的发展空间来完成与孩子的分离，完成孩子自我成长的环境建设，这才是真正的爱自己。

放下的前提是看见

只要能够看见孩子情绪背后有哪些未被满足的需求，就足以处理家庭关系了，就可以稳稳地给孩子托住底。

如何让孩子往前再走一步？每个家庭情况不同。有些孩子内生

动力很足，就不需要外界的介入；有些孩子内生动力不足，就需要外力适当加持。每个家庭情况不同，没有标准答案，需要家长提升智慧，灵活应对。有些家长与孩子可以互怼，嘻嘻哈哈、吵吵闹闹也没问题。有些家长在孩子面前根本不敢讲一句重话，一不小心就会惹得孩子愤怒。关键在于我们要学会透过表象看到孩子行为背后的东西。孩子抑郁、攻击、讨好，说到底都是在自我保护，把自己处理不好的各种关系封闭起来，不再让家庭、学校中的关系来继续伤害自己。家长首先要尊重孩子，允许孩子的自我保护行为；其次要让孩子放下敌意，处理好亲子关系；最后要放下以前对孩子的各种控制，给孩子更大的空间。

看见自己和孩子后的真诚才是有力量的。家长要看见孩子并且用恰当的方式与孩子沟通。每个人都有适合自己的表达方式，能够跟对方达成共识，或者形成共鸣，这才是真正的情商。如果对孩子的观察只停留在表面，那就不是真诚的看见。

吵架也是一种交流方式，尤其是家人之间的吵架。如果我们不是吵架的其中一方，就要首先看见他们吵架背后的需求是什么，然后努力让他们在各自的立场上后退一步，这样事情就能解决。这个过程中，不能把情商理解成讲话很圆滑，滴水不漏。但讲话需要有一定的技巧，这就是家长要学习交流技巧的原因。

心灵成长是在做减法

《道德经》云："为学日益，为道日损。损之又损，以至于无为。无为而无不为。"不要过于积极主动去试图改变什么，心灵成长是给自己做减法，减去蒙蔽在心灵上的东西，恢复内在的本性。

现在社会上有很多所谓心灵成长学习课程，它们是在让我们做加法，要学会这个、学会那个，学会很多心理技术。实际上，这种东西学多了以后，如果在实践中没有很快地见到成效，我们只会越来越焦虑。不能本末倒置，心灵成长是一辈子的事情，久久见功，学习是有益的，但不是所有的学习都可以带领我们走上心灵成长之路。我们从小到大都在接受科学思维的学习，但处理家庭关系，需要的是艺术，是哲学。把科学运用到这个领域，很容易让人陷入过度理性的思维中，试图把问题、原因、原理等搞明白。只要能解决问题的方法就是好方法，纠结于对与不对，纠结于所谓真相，只会增加问题，而不是增加解决问题的方法。

行动起来就好，不要去想那些奇奇怪怪的东西，也不要去想太多的为什么，那些搞研究的才需要想这些问题。我们只须处理好家庭内部的关系，简简单单做人，简简单单做事，就好。通过学习如何看见自己、看见他人，就知道接下来该怎么去处理这些问题。

警惕过度控制

从长期陪伴的实践中，我发现，出现心理问题的孩子基本上都是在过度控制的家庭中成长起来的，而家长往往还不自知。即使孩子的心理问题已经表面化，很多家长还是觉得自己的观念没问题，最多只是自己的处理方式有偏差，或者是另一半的责任比较大。

过度控制体现在家长对孩子心理空间的过度侵入与干预上，对于孩子违反家长意志的行为会采用一些比较强势的干预手段，如打骂、体罚、扣发或减少零花钱等。过度的奖赏、鼓励、表扬，在某种程度上也是一种过度控制。

还有一类控制与未被满足的愿望无关，主要体现在对孩子行为习惯的纠正上，这类问题常见于工作、生活处于高度结构化环境的家长身上，如老师、军警、研究员等。在这种环境下，每个人的各种行为都受到严格制约，对权威的服从是规则得以落实的保障。如果把这种行为模式带进家庭，就会出现常见的对孩子管教过严的情况。孩子在长期严厉的管束下，形成习得性无助，等自我意识觉醒后，冲突在所难免，这就是所谓叛逆期。如果受到父母管控而不能有效释放内心冲突，攻击性向内是大概率事件，久而久之，心理问

题就出现了。

与常见的强势打压不同，抱怨、撒娇与哄等柔性的手段，实质上也是一种控制，但其后果与强势手段并无二致，甚至影响更加严重。对孩子述说自己工作、生活的艰辛以及为孩子和家庭所做出的付出，如果掌握不好，这些手段就是一种情感绑架，基本上没有家长天然就能掌握好技巧的，孩子的安全感受损，很多就是来自这方面。

表扬通常也是柔性的控制。如果是对孩子行为的表扬，对于孩子来说还是比较友好的，一些关于亲子交流的课程也都在强调这一点。学会正确地表扬孩子非常重要，可以让孩子在获得价值感的同时，还不会觉得家长是基于所取得的成绩来评判自己。

4. 放下内心的不满足

接纳并不是目的，接纳不是让你更优秀，而是让你放下内心的冲突，看见自己，允许自己不完美，并重新规划自己。

家长的职责是托底

家长想托举孩子回归社会，恢复正常的社会能力，愿望是美好的，但未必可行。托底需要家长有底气，更需要家长有智慧。最智慧的方法是放手，让孩子有更广阔的空间。我们不是来拉孩子走向光明的，而是来陪孩子度过黑暗的。

家长的职责是为孩子托底，托住孩子的基本生活需求，阻止孩子进一步下滑，除此之外都不是托举。当孩子状态很差时，只要状态还稳定，家长就不宜采取积极行动，让孩子先放松下来，他就能恢复内心的光亮。当然，这个时候的家长是很煎熬的，毕竟以往都习惯了积极干预，一下子退下来会无所适从，但这个过程是必须经历的，这就是所谓孩子的病是来拯救家长的意义。

孩子状态开始向好时，家长总是很难抑制自己蠢蠢欲动的内心，又想着去托举一把孩子。这种想法很合理，孩子的需求要被看见，家长的需求同样也要被看见。孩子有自己的未来，不需要家长把他举到某个特定位置，关键时候引导一下，多数时候给经验、给钱而不是给方法、给意见，是这个阶段最应该做的事情。

快乐的瞬间就是幸福，有意义的快乐才是持久的幸福。当孩子长大以后，就不会把家庭生活当成生命中的意义，在孩子逐步走向社会的时候，家庭应该为孩子提供一种可以放松的空间。当孩子与家长的冲突还很激烈的时候，家长可以退为进，为孩子划出一条刚性的底线。关系缓和的时候再把这个作为让步条件也未尝不可，这是一个技巧问题，不能教条化。

如果说家长学习心理学的目的是让孩子从抑郁中走出来，大家就不要过多学习心理技术，也不要过多学习那些讲故事的通俗心理学鸡汤，而是要学习一些原理。我跟一个心理治疗师讨论过这些问题，学过一点心理学知识的家长其实很清楚孩子的状况出在哪里，也很清楚需要用什么方式去解决，但是就是没有办法让孩子走出来，那些心理技术很难用在家里。家长的作用并不是引导孩子走出来，在一个系统的内部，无论你怎么去做功，最终都会产生内耗，而不是产生一个向外的动能，我们不可能抓住自己的头发把自己拉离地球。我们的作用是通过学习托住孩子的底，让我们的家庭状况不再往下走，不再坏下去。在关键的时候，适当引入外界的力量，比如引入心理咨询、同龄人陪伴，或者引入老师、校长等他比较信任、有权威的人，通过他们的引领，把孩子从家庭环境中拉出去。

天下事没有那么复杂，我们又不是能够改变世界的大人物，我们就是一个很普通的人，只是芸芸众生中的一只蝼蚁而已，我们遇到的事情也只是很普通的事，只是平凡世界里的一地鸡毛。我们不知道能把自己的家庭改变多少，也不知道能把自己改变多少，所以别去想象那些还没有发生的事情来吓唬自己，一门心思过好当下，人间烟火气，最抚凡人心。

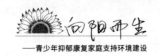

放下期待

孩子的问题没解决，家长所有的放下都是假的，要学会客观平静地去接受失败，学会与失败和平共处。

理想是支撑我们前行的动力，但理想与现实总会有差异，这个差异就是所谓期待。接纳并不是要让我们放弃理想，而是要让我们认清实现理想过程中的绊脚石对于成长的意义。我们不可能看清人生路上所有的问题，每个阶段都会出现不一样的新问题。接纳的意义在于我们能够在认清自己后，根据特定的场景采取不同的行动，不再用以前的路线图来找到解决新问题的办法，而是根据当下的情形采取行动，从而推动人生向既定的目标前行。

理想不会有终点，当我们实现了一个目标后，又会有新的目标在等着我们。当这种不断更新的过程突然中断后，我们就会陷入迷茫，就容易产生无意义感，这也是现在青少年容易出现问题的原因。从小到大，孩子们被灌输的目标只有一个，就是认真学习、拿到好成绩，当成绩出现波动后，他们的心理冲击就会被放大，老师、家长的反应可能会比孩子更大，在腹背受敌与内心冲突叠加的压力下，不想出现问题需要强劲的内心力量。

孩子只要还没有恢复正常的社会功能，问题的源头就还在，迟早会爆发出来。一些家长觉得自己已经成长得很好了，孩子的情绪也很平稳，但一到复学或是发生什么别的情况，家长发现一切不是自己想象中的样子，就会突然崩溃，其原因就在这里。一般来说，还在读中学的孩子，在开学、期中期末考试等重要的时间节点，还有一些节日，很容易情绪波动。尤其上半学期的重要考试都在秋冬季，这本身就是抑郁情绪高发的季节，两个因素叠加在一起，对孩子是非常大的考验。拒绝考试、拒绝上学，都是很正常的，如果家长自身的心理建设没有到位，不能给予孩子持续的支持，就很容易导致孩子退回原来的状态。如果遭遇多次失败，孩子的能量就会在一次次失败中消耗殆尽。失败是成功之母，但只有成功才能引领成功。

对孩子的期待，说到底，就是在满足自己的自恋，是把自恋投射给孩子，而自恋与自卑本来就是两位一体的东西。如果能够放下期待，也就是不再把自恋或自卑投射给孩子，不再把孩子当作攻击力释放的对象，那么它对于自我成长和孩子的康复来说都将是非常有意义的。

放下内心的抵抗

家长适度地学习心理学是很有必要的，可以加深对抑郁症等疾病的理解，有利于为孩子创造好的疗愈环境。但对于大多数家长来说，这种奔着明确目标去的功利性学习，除了让自己更加焦虑以外，并不能让自己收获更多。不少家长最后都考到了心理咨询师有关证书，结果孩子还是处在反反复复的抑郁状态中。

学习是成长的必经之路，但只是学习，无法把学到的东西转换成自己的认知，就很难为孩子提供稳定持续的支持。知行合一，知是行之始，行是知之成，强调的是认知与行动合一，而不只是把知识与行为合一，当然，能做到后一点也是极好的。

学什么也是需要家长认真思考的。在孩子的自我封闭期，需要一些立竿见影的方法来稳定家庭情况，但这只是权宜之计，为了解决问题，还是得遵循科学的方法。建议等家庭状态基本稳定后，家长去学习一些心理学方面的基础知识，不过，心理学与心理咨询并不是同一个体系，家长可以去学习一些心理咨询流派的基础理论和实操方面的专业内容，在此基础上再去看一些通俗心理学的书，可能更有助于应用，避免跑偏。

通过学习，我们能明白很多事情，但仍然会因为内心的抵抗而放不下、做不到，这是很正常的。允许自己做不到，并不是说不需要努力，只是允许自己有个过程，可以下次做到，或者下下次才做

到，并不是所有问题都需要解决，不可能所有的问题都能被解决，允许自己解决不了，是解决问题的第一步。

遇到一些觉得违反自己意愿但又不得不做的事，就不会心甘情愿去做这件事，这种内外冲突就必然会导致我们需要一个释放情绪的出口。我们必须遵守的所有规则都是与本我冲突的东西，法律也好，规章制度也好。比如我们应该接纳孩子，应该看见孩子，加了"应该"两个字，就说明内心对这件事情产生了抵抗，就必然会去找一个释放内心冲突的通道。情绪痛苦往往都是在关系中产生的，当下的痛苦就是在为以往的无知补交学费，很多人觉得痛苦，并不是因为他承受了多大的痛苦，而是因为他觉得自己不应该承受现在的痛苦。痛苦的另一面就是幸福，没有了痛苦，与之相对的另一面也就不再存在，这是一体两面的关系。

我们要珍惜当下的一点一滴，感受生活中的幸福，不让未来的不可知影响当下的心情，这就是放下。拒绝痛苦就是拒绝幸福，人总不能把所有的好事都占全，做人为什么要圆满？这种被上天眷顾的人毕竟是极罕见的，留点缺憾，才有念想，只要不影响吃饭睡觉，怎么都好。别去想太多事情，不再去纠结以往怎么样、现在应该怎么样，只要好好活在当下，做好眼下须要做的事情，为自己和孩子每一个微小的改变而喝彩。

五、觉察

觉察是常见的心理学名词，即看到自己的潜意识，觉察可以让人活得更通透。

1. 将行为合理化的艺术

心理学上的觉察一般是指对潜意识的感知，从实践来看，觉察无非就是将对方和自己的行为合理化的艺术。

觉察是自我成长的起点

能够自我觉察是家长成长的第一步，也是最关键的一步。当自己情绪开始波动时，迅速抽离，看见潜意识层面有哪些未被满足的需求构成了自己当下的信念，在这个信念的支配下情绪得以产生。看见了，就能给当下的情绪以合理的解释，就能放弃与情绪的对抗，找到解决方法。

简单地说，自我觉察就是当自己的情绪起来后，要学会抽离出来冷静观察自己，情绪从何而来、因何而起。如果是看到孩子的某些行为而起来的，就要学会看到孩子的行为触动了自己内心哪些未被满足的期待或需求，要明白自己又是如何因为内心的问题而产生了这些情绪。看到了以后，就不会排斥、抗拒这种情绪，而是让情绪自然流逝，直到消失，这就是自我觉察。

当自己感到焦虑后，要能够看到自己因何而恐惧，在什么样的恐惧支配下产生焦虑，要学会一点一点地根据细节来梳理恐惧的原

因，直到发现恐惧的源头。比如，因担心孩子不能参加考试而焦虑，就要去找不能考试的行为在自己内心引发了什么样的信念，自己是否在担心孩子的未来将会因此而不能获得较高的社会地位。然后再来分析这个信念的基础是什么，继续深挖下去就能找到恐惧的源头，从而发现自己的信念是否合理，这个过程就是觉察。

自我觉察实际上就是把自己从当下的情景中抽离出来，从天使视角来看待自己，这就需要依靠冥想等方法为自己的智慧发挥作用提供时间。学习觉察的技术，有助于更好地共情对方，理解行为背后潜意识层面的意义。但是，作为家长，在一个家庭内部谈共情，我总觉得是有问题的，所谓觉察，往往都是家长的自以为是。

觉察是要管住自己探究事情真相的冲动，看见并认同对方的情绪，看到情绪的背后表达了对方潜意识层面的认知，而这恰恰是家长最无能为力的地方，如果能做到，孩子就不会抑郁了。

家长尽量不对事情做出对或错的评判。孩子释放情绪时，家长尽力并促进这种释放，可降低孩子当下的情绪浓度，也就是兴奋程度。孩子的需求得到合理、有效满足是解决问题的起点。如果只看到孩子的状况，理解他的内心，但不给他一个能够解决问题的方案，那么孩子对家长的依恋感就很难得到提升。

家长跟孩子之间有很多很复杂的问题纠缠在一起，孩子都不太喜欢让家长看透自己，跟家长交流时会有意无意把自己的一些东西隐藏起来。家长学会看见孩子就可以了，在认知上不要主动谋求改变什么，在行动上给孩子足够的支持，就好了。

但也要防止过度觉察，万事都要讲一个觉察，实际上这还是一种焦虑的表现。不要因为学了一点心理学，就把每件事情都往某种概念上去套。把个案概念化是对的，但生活中事事如此，真的太累，过度关注除了增加焦虑外，没有别的用处，往往孩子自己觉得事情已经过去了，但家长还放不下，就容易导致新的问题，不妨睁只眼闭只眼，装傻，看破不说破。

只有从当前场景下抽离后的觉察才是真正的觉察。内心冲突往往是有迹可循的，对这些迹象茫然无知，觉察也就无从谈起。了解常见现象背后的问题，有助于迅速完成抽离和觉察。

坐而论道无助于问题的解决

没必要把每件事情都分析清楚，只要看到情绪、行为背后往往会有一个反向的信念就可以认识到孩子隐藏的东西。认为别人的做法不对，那么潜意识其实是认同这个事情的，但自己又实现不了，是自己内心的需求没有得到满足而转向了进攻。进攻是最好的防守。这里涉及较多概念，需要心理学上的知识，更要结合生活阅历，才能看见。

很多家长在学习一段时间后会说，道理都懂了，但一回到家里面对孩子就做不到。知道但做不到，这往往是由于潜意识层面还没跟上来，对新的认知产生了抵抗，这是很常见的现象，无须焦虑。先做一些内心抵抗比较弱的事情，先行动起来，让行动反作用于认知，同时处理好内心的冲突，久而久之，就好了。

家长要用行动来证明自己真的学到了一些东西，而不是老在想这个应该是什么样的，不要老是想弄明白这些理论。对于解决问题来说，是要去实践，去做的。

这些理论的底层逻辑就只有这么几条，非常简单，很多道理家长都是懂的，却难以实践，这其实也很正常。

内心冲突往往来自外在规则的约束。我们常说某件事情是应该做的，这里的"应该"一词就说明了一切，"应该"做的事情其实都是自己不喜欢做的。

一般来说，所有我们必须遵守的规则，从心理学角度来看，都违反了我们的本性。比如，"应该"要接纳孩子，"应该"要看见孩子，其实是自己的内心已对这些事情产生了抵抗，但又不得不做，于是就需要另外找一个通道把抑制的情绪释放出来，骂人也好，打人也

好，吵架也好。但自己又知道这是不对的，不"应该"吵架，在这种内心冲突中消耗了自己本来就不多的能量。

觉得自己明白了道理就应该做得到，还是有一个"应该"在，内心的抵抗还是放不下。要学会允许自己做不到。到现在为止还没做到，没事，下次做到就好了，下次还做不到也没关系，再下次做到就好了。时间长了以后就会发现，做不做得到本身就不是一个问题。每个人都会有一些负性的小癖好，如果不对生活构成影响，又何必克服它呢？

情商的本质是真诚

情商并不只是说话技巧，而是一系列促进关系改善、提升的能力。用情商来改善关系，就是学会从潜意识角度看到对方、看清自己，透过行为的迷雾看到背后的人及其行为的意义，并给予恰当的回应。

情商，第一是理解，能够准确地识别自己或他人的情绪，能够觉察到情绪的变化，能够找到情绪产生的原因，也就是说，情商第一就是能看见。第二是控制，通过调节、引导、控制、改善自己和他人的情绪，摆脱焦虑、抑郁、愤怒等负面的情绪，以稳定的情绪来积极应对危机。第三是利用，根据当下的场景激发相应的情绪来提升我们的注意力、敏感度、活力和勇气，增强抵抗挫折和痛苦的各种能力。最终目的是改善自己和他人的情绪，摆脱负面情绪。会不会说话其实并不重要，这不是情商的本质特征，但很多人会把情商理解成讲话很圆滑，滴水不漏。

解决问题的方法无非就是情商，就是看见、控制、利用。情商的本质是真诚，真诚就是力量，看见真实的自己是真诚，表达自己的想法是真诚，控制自己的情绪是真诚。真诚需要通过适当的方法表达出来，让对方感到舒服是需要学习的。看不见对方行为背后的需求，实质上就是看不见自己。把自己的想法不带情绪地表达出来是需要学习的。学会看见就能找到方法，就能引导、激发我们对情绪的控制，消除负面影响，最终达成目标。

只要放下社会外加在我们身心上的外壳，回归本性，关系也就改善了。真诚不一定就会表现为真相，讲不讲真话不应该是家长关注的焦点，言语背后的东西才是值得关注的点。

有些家庭家长可以跟孩子互怼，嘻嘻哈哈也没啥问题；有些家长在孩子面前根本不敢讲一句重话，随便讲一句就会引发孩子的愤怒。其实我觉得，这些都是表面的东西，关键是要能看到孩子这些行为背后的意义。攻击也好，讨好也好，抑郁也好，说到底都是一种自我保护。抑郁是处理不好各种关系之后，把各种关系封闭起来以保护自己不再继续被家庭、学校中的关系伤害。看到这一点，家长首先要尊重孩子，允许孩子保护自己的行为，要让孩子放下对家长的敌意，改善亲子关系，关系好了，这些都不是大问题。孩子为了保护自己都抑郁了，把自己封闭起来了，家长如果还不能允许这个行为，非得想尽一切办法积极对孩子进行干预，让孩子走出去动起来，还要剥夺他"躺平"的权利，那么就很不好了。

这个时候，家长应该先"躺平"、放下，让自己松弛下来，不再关注孩子，而是专注于自己的成长。但实际上没有几个家长能做到。矫枉过正，转变太快，容易翻车，这需要家长用智慧把握好节奏。

孩子宣泄情绪时，有些事情可能从来没有发生过。但是你去探究这些事情有没有发生过，意义真的不大，相反只会制造新的问题。孩子反复强调这些细节，只不过是在用这种模糊的记忆保护自己。如果家长能看到这一点，那么他说的话是不是真的还重要吗？无须评判，不去解释，尊重孩子保护自己的努力，没必要寻求真相。孩子的情绪已经释放出来了，又被家长以刨根问底的方式硬生生抑制回去，产生新的伤害，何苦？很多时候所谓真相不真相的，其实真的没有太大意思，解决问题才重要。

2. 看清自己是接纳的前提

接纳是心理学中很重要的一个概念，如何才能接纳，如何才是接纳，这是需要学习的。接纳并不是无条件同意孩子的所有想法和行为，只需要容纳、相信孩子。孩子出现心理问题时，家长须要做的就是修复、重建亲子关系，把心安住，放在当下。

接受与接纳

击中孩子软肋的激励才是真正的接纳，比如孩子一直认为是自己缺点的一些东西，被家长赋予了新的意义。当然前提是这种接纳、赋予是完全真诚的，那么，这对孩子的激励作用一定是双倍的。

接纳首先要看见自己，然后看见别人，要在看清自己的基础上接纳自己的不完美，接纳自己的期待。理想化的爱应该是纯粹的、无条件的，但这种理想化的东西在现实生活中并不存在，生活中的各种爱实际上都是附加了条件的。无论这个条件披了怎样的外衣，是为了让孩子有更好的前途，还是为了让孩子不走坎坷路，说到底，都是家长不接纳自己的不完美而产生的对外投射，是一种向外抓取，会对孩子造成伤害。

家长需要做好自己，而不是试图成为最好的自己。当家长允许自己不完美，并能够对自己的缺点嬉皮笑脸、没心没肺地自嘲，让自己的心灵成长成为孩子的榜样时，孩子就可以学会如何接纳自己的不完美，这比学一大堆理论、做一整天的沟通都有用。

保持平静没有想象中那么难，激烈的情绪本来就维持不了太久。即便是动物，如果持续处在无希望的痛苦里，一段时间后都会平静，因为那是一种生理本能。妥协不是死心，如果家长是因为死心才对孩子妥协，那么一旦孩子状态有所恢复，家长的内心就又会蠢蠢欲动。家长真正不去折腾孩子，孩子就会对自己负责。接纳孩子，允许孩子有一个自己的安全空间，他就会对自己负责，这就是本自具足。

如果家长真正接纳了孩子，就会觉得孩子的行为只要不逾越法律底线，家长就不需要管，他开心也好，不开心也好，我只专心做好我自己的事情，保持平和的心态就好。如果家长是因为学习了以后觉得不应该管，那么他潜意识层面其实还是想管，家长只是学会了压抑自己的情绪，才选择不管。

管孩子，本质上就是控制孩子，这种控制其实是家长在释放自己的优越感。坏习惯是管出来的，好习惯同样也是管出来的。管与不管，还要结合当下的场景，不能教条主义。家长完全不管、完全放手，是一种非常理想化的状态，实际上没有一个家长能完全达到这个境界。通过学习，知道了这个是不对的，就可以提醒自己不要去管它，只是自己内心还残留了一点想法。这就是看见自己。当念头起来时，可以通过一些正念的东西，让想管的动作往后延。

家长学到这些东西以后，就知道应该怎样更好地让孩子养成一个好习惯。通过自己的好习惯，行不言之教，引领、培养孩子的专注力。孩子在专心做事的时候，不去叫他吃饭，不去打扰他，让他专心地做完一件事。家长还可以有意识地在这方面进行训练，比如和孩子一起搭多米诺骨牌等。

看见与看清

人生于世，不可能过着一种很纯粹、很理想化的生活，难免会有家长里短、七情六欲。看清自己为什么会成为现在的样子，是每个人都需要终身学习的课题。知道了为什么，就是看清了自己，这样才能接纳自己。

首先，要看清现在的样子是什么。我们很难真正客观地评价任何事、任何人，都是在通过自己的认知来看世界。而认知受到很多因素影响，一般来说，父母在我们三岁之前就已经塑造了我们的人生观、世界观、价值观，这就是认知，这就是原生家庭的影响。臣

服当下，是要从事实的迷雾中抽离出来，用天使视角来看待一切，照见自己，只有这样才能看清当下，看清自己现在真实的样子。

其次才是要看见自己为什么会成为现在的样子。所谓看见，无非就是看见自己认知的形成过程。人的一生并不复杂，认知的形成过程也就是原生家庭和重大事件的影响，是在各种关系的处理中形成的。梳理清楚父母之间、我们与父母之间的关系，当然还有我们的父母与他们的父母、兄弟姐妹以及其他人之间的关系等。梳理清楚原生家庭的影响因素，就基本上看清了自己。之后的种种认知形成过程，无非就是以原生家庭为起点的社会阅历叠加。

没有成为应该成为的样子，是愧疚的起点。我们总是给自己设计了很多人设，按社会上成功人士的标准为自己和孩子进行规划，这是非常难以达成的目标。当孩子出现严重心理问题时，就意味着我们以往的家庭氛围、养育方式出现了巨大问题，而且自己是这些问题的始作俑者，内心产生愤怒与愧疚在所难免。

做自己是需要很大勇气的一件事情。被他人讨厌，我们会愧疚，因为没有成为他人期待中的好人；没有成功，我们会愧疚，因为不能达到自己的理想。既能满足他人的期待，又能满足自己的内心，这是很难实现的。他人的期待与自己的内心都是变量，永远不可能齐头并进，这个时间差会让我们内外纠结。当然，这个时候的愧疚是有意义的，因为愧疚可以用来防御内心冲突，从而让自己心安理得地继续以往的认知模式和行为模式，躲避成长。

孩子从抑郁走向康复都是有一定规律可循的，但回溯过往不如面对当下。说到底，愧疚只是为了逃避，而不是为了看见自己、解决问题。偶尔愧疚一下是有意义的，可以暂时降低内心冲突的程度，为自己的改变留出余地。但不能一直愧疚。只有放下愧疚，直面痛苦，才能开始走向接纳，走向改变。

接纳不是目的，改变才是，接纳与改变之间还要有看见并看清。缺少了看清，接纳只不过是无可奈何的接受，是对当下的屈服，而不是心甘情愿地臣服。接受现实只需要经历痛苦。看清需要学习，更需要领悟。只有领悟了，改变才会真正发生。

不求不应，有求必应

家长对于孩子的问题，总会有一种挺身而出去解决的冲动，但这并不是一种合适的做法。帮到位了是好事，帮不到位只能让关系变得更差，毕竟这种觉得自己能够解决孩子的问题的想法，是一种自恋，更是一种攻击。不求不应、有求必应是比较合适的，当然，这个"应"只是回应，而不是答应。

把孩子的行为概念化，即把它迅速纳入某种心理学概念的框架里，是处理问题很有用的技术手段，但这也很容易变成"贴标签"，而且贴上去的往往都是负面的标签。

很多家长的显著特点是，不管什么事情都要找到答案，然后贴上标签，这对自己、对孩子都是很不友好的。遇到问题，首先要看是谁的课题，也就是区分是谁的事。我的事我自己解决，孩子的事让他自己解决。但是，家长往往容易给他贴上标签，然后就混淆了这是谁的课题的问题。所有的心理问题往往都不是单一原因造成的，用某个概念来描述是心理咨询中的个案概念化方法，有助于迅速抓住关键点。家长在缺少专业训练的前提下，往往只能看到其中的一部分，很少会有客观全面的审视。

家长要尊重孩子的选择，要接纳孩子，孩子的事情要让他自己做决定。但是，孩子的认知毕竟是不完整的，在涉及对人生影响重大的决策时，需要有力量来支持。一个人小时候确定的人生目标往往都是不正确的，人生目标是需要经过多次试错后才能确定的，而孩子的试错成本非常低。孩子得了病后认知受损，思维很容易钻进"牛角尖"里不愿意出来。这个时候，不是说家长一定要给建议，要孩子一定按照家长的意图来做决定，但家长至少要把经验以及面临的情况讲给孩子听，与他一起商量，共同面对。孩子内心的力量

已经不足以支撑他完成学习，家长又把如此重大的决策完全交给他自己，他的无助感是不是会增强？那么小的孩子，有能力，有足够的社会阅历，有足够的经济基础来支持自己做出这么一个重大的决定吗？应该没有。那么小的孩子，你把这么重大的一个人生决定权完全交给他，他能选择的只有逃避，不会有其他更好的选择。

家长要先处理好自己内心的焦虑，不妨跟孩子开诚布公地谈谈，把孩子真正作为一个家庭成员进行平等的交流，尊重孩子解决问题的方式。家长应该关注的是孩子为什么会逃避，而不是孩子是否在逃避。不敢面对新的学校、新的生活，就是逃避。逃避的原因各种各样，这就需要家长自己用心去体察，去共情，去发现孩子行为背后有什么需求。家长如果撑不下去了，就告诉孩子，示弱一下是没问题的。最怕的就是家长这边苦苦撑着，孩子也苦苦撑着，但是就是不能形成合力。要形成合力，首先要改善亲子关系。家长不敢跟孩子讲话，说明这种关系仍在很疏离的阶段，这种状态下家长是无法跟孩子心平气和商量重大事情的，是不敢把家庭遇到的困难原原本本地、完完全全地告诉孩子的，孩子出现逃避是大概率的事情。

3. 合理释放攻击性

攻击性是生命活力的体现，不恰当的攻击容易形成对自己能量的消耗。当双方处于不平等的地位时，地位较高的一方对于地位较低的一方所主动采取的各种行动，基本上都可视为一种攻击。既然是攻击，就会有一个攻击方向的选择，不是向外攻击，就是向内攻击。

向内攻击

《道德经》云："祸兮福之所倚；福兮祸之所伏。"《周易》亦云："亢龙有悔。"这种思想是中华文化的显著特点之一，也意味着对于快乐、成就的压抑。当快乐来临时，人们就会觉得不好的东西也会随之而来，当取得成就时，人们又会以感谢领导、感谢父母等方式来否定自己的能力与努力。这种谦抑实质上就是一种对内的攻击，当它超过合理限度时就容易引起心理问题。当一个人压抑自己的个性时，向内攻击就开始了，抑郁实质上是长期对内攻击造成的。

向内攻击是人无法直面内心的自卑和缺乏，通过愧疚等方式让自己的内心在焦虑中回避冲突。如果没有得到合适的处理，久而久之，抑郁就容易找上门来，很多心身疾病也都可以归因于此，如高血压。自卑容易让人选择压抑自己的对外攻击性，导致陷入疑人偷斧的思维模式，对他人行为高度敏感并做出过度、夸大的反应。当这种压抑积累到一定程度后，人就会爆发性向外攻击，即易激惹。

内疚或自我施虐是最常见的向内攻击，恨不了别人，就恨自己。小心翼翼不敢说话，某种程度上也是一种向内攻击，最典型的自我攻击就是躯体症状，就是所谓把自己憋出内伤。

家长对孩子的学习干预过多，本质上是一种自恋投射，将自己未能实现的期待投射给了孩子。首先，家长觉得自己能够有效辅导孩子的学习，但孩子总是不能达到家长的预期，导致自恋受损。其次，辅导孩子难免会对孩子的成绩有一种期待，希望孩子达成家长的目标，当期待不能实现时，家长的自恋受挫，当家长的期待实现时，同样也会有一种自恋受挫，因为这意味着在学习上家长的优越感被伤害了，同样也会引发内心的冲突。远离辅导，不求不应，或许是家长对待孩子学习的合理方法。

受虐式学习是指家长对于孩子的学习干预过多，结果把自己气出问题。也有一种解读是家长为了成长自己，不断地报名参加各类学习，这是焦虑的体现，也是自恋的体现，家长觉得自己通过学习就能找到解决孩子问题的方法。但孩子的病只是一种常见病，有很多公益的、非公益的平台都推出了系列课程，只要认真学习并加以运用，就会获得比较理想的效果。当然，这也是很多家长无法避免的一个成长阶段，平常心对待就好，只不过家长这种受虐式的学习

如果始终持续，它就可能成为对现实问题的逃避，家长就要考虑是否需要换一种思维。

孩子努力学习、追求好成绩也是在建立优越感来释放攻击力，当成绩出现问题后很容易崩溃，某种程度上就是攻击力得不到释放，转而向内攻击。很多家长把孩子抑郁的爆发归于学习成绩，我倒是觉得，学习压力是不会压垮孩子的，向外释放攻击力的通道被堵住才是真正的原因之一。

向外攻击

攻击往往是一种防御机制，向外释放攻击力是在维持自卑引起的高自尊，骄傲也是在隐藏内心的自卑。当内心冲突通过各种渠道向外释放时，攻击方向就不再对准自己。自卑和安全感问题是导致向外攻击的原因，可以归到长期被控制所造成的习得性无助。

吵架或者打架是常见的、直接的向外攻击行为，可能发生在关系不好的几个人之间，也可能发生在关系比较好的几个人之间。如果能看到这只是一方在向外攻击以释放情绪，就很容易接纳对方，不容易升级冲突，而且冲突结束后能迅速回归正常的轨道。

所谓关心，很多时候只是在投射焦虑，实质上是一种攻击行为，只不过攻击强度有差异而已。关心的字面意义是"（对人或事物）爱惜、重视，经常挂在心上"，相对于被关心者，能够关心他人的人都具有优越感，或占据了某种较高的地位。这种居高临下的关心无论其动机如何，都是一种攻击行为。给建议是最常见的以关心名义实施的攻击。当孩子遇到问题时，家长往往会比孩子更加着急，会主动给出自己的建议。只是，如果孩子并不需要家长协助解决，只是宣泄一下自己的情绪，那么家长的建议就会导致孩子的情绪释放通道直接被堵。长此以往，就会形成向内攻击。

有一种冷叫"妈妈觉得你冷"。对于孩子的行为给予过度关注，这不仅是一种控制，更是一种攻击。比如，孩子的洁癖就是在家长对孩子卫生习惯的反复表扬中产生的,其他小朋友都生病了,而孩子因为讲卫生没有生病,这很容易让孩子对于卫生形成固着,不及时采取措施的话,容易导致洁癖。

对于孩子的进步,给予表扬是很正确的做法,但往往由于家长把握不好表扬的点与方式,鼓励、表扬就变成了一种攻击,这是很常见的现象。表扬应该是对孩子行为的赞赏,而不只是对结果的赞赏。把孩子的某项结果——比如考了个好成绩——与某种特定的物质奖励挂钩,这就不是很合适,会给孩子造成新的压力,孩子会觉得家长认可的是成绩而不是自己的努力,并很容易把这种表扬变成一种攻击行为。

表扬的背后是觉得对方并不具备完成这件事情的能力,本质上是对能力的不认可。不合理的表扬实际上往往只是家长内心期待的投射,如果不能与孩子自认为值得被看见的优点形成同频共振,这种表扬就容易成为一种要求,或者说情感绑架,就会成为攻击行为。

优越感只不过是在释放攻击力

人总是有强烈的自我合理化的冲动,这也是一种防御机制,可以减少内疚带给自己的伤害。它可以是向外投射,也可以是不配得感,更多地表现为优越感。一个人在社会上是需要经常按照别人制定的规则行动的,内外冲突始终存在,回到家可能就想放松一下,需要优越感来补偿一下自己,这就是心理补偿。认识到这一点,会有助于更好地跟自己相处,跟家人相处。

自卑会引发心理补偿,缺陷感越强,自卑感越重,寻找补偿的动力就越强,也就是需要用优越感来补偿自卑感,优越感越强,需要被极力隐藏的自卑感也越强。愤怒、泪水、道歉等,可能都是自卑感的表现,也很大可能是优越感受到侵犯后的反应。孩子关在房间里不出来,从某种程度上来说,是他的优越感在外面经常被侵犯后,他尝试用自己对房间里的一切都具备完全的掌控感,以此来建

立新的优越感，来对冲内心的自卑。因此，孩子把自己封闭在房间里时，家长需要做的是努力提升孩子的优越感，而不是以批评等方式继续侵犯他的优越感。

优越感是自信的来源，我们需要通过优越感来释放攻击力，来缓解自己内心的冲突。但在心理学上有一个不太友好的结论，优越感往往是向外释放攻击力的一个渠道。攻击有很多种，通过优越感来释放攻击力是其中很隐蔽的一种，而且它经常会以爱的名义被持续实施，伤害于无形。家长对新事物的接受能力肯定不如孩子，但家长又总放不下对孩子的优越感。表现在亲子关系上，就是冲突，就是控制与反控制的对抗。家长要控制住自己伴随优越感而来的攻击力，至少不向孩子释放。

每个人有每个人的活法，只不过我们经常会拿自己学到的东西去告诉别人，这个对或者不对，或者用自己有限的经验来指导孩子，说到底还是一种优越感，或者说是自恋的体现。只学了一点皮毛就想去指导别人、帮助爱人和孩子，也是一种优越感的投射，对冒犯的敏感实际上是对优越感的敏感。

道理很简单，但很多家长就是做不到，这个也很正常，需要一个认知提升的过程。面对孩子目前的状态，家长容易产生愧疚感，但要否定自己几十年来形成的认知，改变习惯，放下期待，又会产生牺牲感。这种愧疚感与牺牲感的冲突，就是内心冲突的根源，会让家长在成长的道路上反反复复，但只要坚定信念，就可以在跌跌撞撞中艰难挺过最初的痛苦。

学会帮助孩子建立优越感

优越感不是坏事，如果能在一些领域建立起自己的优越感，那一定是好事，至少在这些领域还能保留一个能量基地，可以随时去释放内心的攻击力。

孩子现在最需要的就是建立起自己的这种优越感，用伤害比较小的方式释放内心的攻击力。所以家长要不断地给予鼓励、无脑夸，满足孩子在消除自卑感、建立自恋方面的需求。从这个角度去看，孩子跟家长吵架，痛诉家长以前怎么怎么祸害了他，或者指挥家长按他的意愿去做事情，是不是就更加容易理解了？更加能看见，更加能接纳了？从这个角度去看，家长跟孩子发火，跟孩子吵，就是在破坏孩子的优越感，给孩子带来伤害。接下来该怎么做？该如何去跟孩子缓和关系？不就是顺理成章的吗？当然，常见的是孩子在提出不尽合理的消费要求时，家长唯唯诺诺不敢反驳，但接下来会找出种种理由拖延或者干脆不做，这种做法是对孩子优越感的伤害，最终会伤害亲子关系。和钱包损失相比，孰轻孰重，相信家长应该有自己合理的选择。

经常会听到家长说，他看到孩子做了什么什么不好的事情，但是会提醒自己不要去评判。这实际上还是把自己放在比孩子高一层次的地位，是一种充满优越感的攻击行为。家长不需要说什么，一个眼神就可以让孩子感受到这种攻击。不仅在亲子关系中，在夫妻关系及各种社会关系中也是如此。有些人对被冒犯很敏感，原因也在于优越感被冒犯。谦虚、低调从某种程度上来说也是在跟这种优越感对抗，是优越感的反向形成。

家长单纯地安慰孩子放下对成绩的关注，起不了多大作用，如果能引导孩子重新或者在另一个领域建立优越感，就可以避免很多问题。孩子回家后每天打游戏，在某种程度上来说，也是在游戏中建立优越感的需求的表现。家长此时很容易出现的不合理信念就是孩子的成绩都这样了还要玩。孩子在一次次的腹背受敌中、一次次挫败感叠加中，只能倒下来。就连大人遇到这种情况，也很难坚持，何况孩子。当然，这在当时场景下也很合理，没必要纠结。

赞美孩子下厨房的最好方式是尽快开心地吃完孩子做的菜，无论这个菜在暗黑食物榜单中处于什么位置，只为他的努力而开心。表扬孩子的最好方式是孩子考试结束后做一个他喜欢的菜，无论成

绩如何，都只为他的努力而开心。

做慈善是一种释放优越感的行为

慈善行为是发自内心地助人，是很值得提倡的，但从另一个角度来看，慈善也是一种释放优越感的行为。

在陪伴家长的实践中，我发现有许多家长经过一段时间的学习后，也投入公益陪伴中，使更多家长受益，这是非常值得提倡的慈善行为。但是，我也看到许多陪伴者在逐步建立了影响力后，因为长期接受了家长的赞誉而觉得自己光环加身，于是把自己的成长经历当作金科玉律来为大家指点迷津，不能接受前来求助的家长的疑问，并视之为冒犯，攻击家长的不成长；还有些人很容易被求助的家长激发情绪波动，使自己陷入痛苦。这些都是向外释放渠道被堵塞后的正常反应。

用向外释放优越感的方式缓解内心的冲突，是现在很多人热心公益的原因之一。公益本来是一件好事，但现在很多人热衷于用自己的经验指导别人，这就有点偏离初心了——当然，这个动机也很正常，在帮助他人的同时可以忘记自己的不完善或缺陷。家长们切记，别人的成功经验不是指引自己成功的可靠法门，别人穿着舒服的鞋，自己穿起来大概率是不合脚的，可以学习的是别人成功的信念和认知，而不是方法，适合自己的路还要自己去找。

提倡家长多做些慈善公益活动，尤其是让孩子参与公益活动，通过帮助别人来释放自己内心的冲突，无论动机如何，都是能够为社会做点贡献的，总比通过其他渠道来释放要好，在帮助他人成长的同时也能收获满足感和价值感。客观认识慈善行为，可以让我们避免一些负面的东西，如被冒犯感、被异化感等。

4. 凡是允许，终将消亡

接纳、成长的目的并不是保护自我，不是避免和远离危机，而是打破自我，承担后果，重新开始。

接纳自己的不接纳

"家长成长的速度就是孩子走出来的速度"和"家长成长1%，孩子才能成长99%"这些话，虽然有其正向意义，但是值得商榷。孩子的成长需要以家长的成长为支持，但并不意味着家长成长是以孩子成长为目标。否则，一旦家长认为孩子的成长速度慢下来就是因为自己的拖累，就容易产生愧疚感，原来的问题没有处理好，又新增加了因为自己不能迅速成长而带来的恐惧和愧疚。家长的成长是家长自己的事情，不是孩子成长的前提，跟孩子无关。本来家长已经被孩子的事情搞得能量很微弱了，再用这个观点来增加家长的焦虑，没有多大正向的意义。

完全接纳自己，永远只是停留在想象中，现实中是不可能做到的。我们生活在现实的世界里，生活本来的样子就是一地鸡毛的人间烟火，有利益就会有纷争，有痛苦才会有幸福。完全接纳就可以做到没有痛苦，也就放弃了幸福。不完全接纳，可以让我们在保持内心安宁的基础上，还可以有愤怒、有痛苦，才会去反思、去进取。做人做事过于追求完美，往往是心理问题的源头。要做到完全接纳，这本身就是对不完全接纳的不接纳，对这个过程的过度追求，除了让自己或是更加焦虑，或是自欺欺人外，几乎没有什么益处。而且，所谓完全接纳，我们很难把它与待在舒适圈合理区分开来，实践中的可操作性很不好。

允许自己不完全接纳，可以让我们放下内心对完全接纳的追求，保留合理的梦想与追求。有句话说："做人如果没有梦想，跟咸鱼有什么区别？"梦想是推动我们前进的动力，梦想没有终点，实现了一个梦想后，我们会对未来产生新的希冀，只不过我们以往会把实现梦想的过程和手段当作目标，如好的成绩、好的工作、好的关系等，忘了最重要的目标应该是幸福，而幸福意味着安宁、充实、

满足。

成长是一个人一辈子的事情，需要逼自己一把才能做到，是一种抵抗。一个人的行为即使从现在来看是不恰当的，但在当时的场景下，都有其合理性。所以不能用我们现在学到的东西回过头来评价我们以往行为的合理性，没有意义。就像我们过了几年以后再来看现在的行为，可能也是很可笑的。

每个人天生都讨厌与自己认知不同的东西，正因为讨厌，所以就会始终想着这件事情。如果你能够跟这些讨厌的东西和平共处，接纳这些讨厌的东西，那么这个世界上就不会有你讨厌的事情。当然，完全放下是不可能做到的，但你至少得学会宽容、接纳你的孩子，这才是让孩子走向阳光的第一步。离开特定场景来评价某种行为的对与错，是没有意义的。换句话说，很多问题的解决方法没有标准答案，任何外来的经验、指导都只能为我们自己寻找解决办法提供一种参考，解决问题的办法一定在我们自己心中，只不过我们需要依靠智慧去寻找。

学会区分事实与价值判断

人生观、世界观、价值观这"三观"，是我们加了自己视角滤镜后人生、世界、价值的样子。我们要学会区分事实判断与价值判断，比如，"这本书的作者是人"是事实判断，判断标准是不会有争议的，而"这本书的作者是好人"是叠加观察者感受后形成的价值判断，每个人都可以有不同的标准。心理学中有个认知ABC理论，任何事情本身并不会直接激发我们的反应，只有叠加了认知，我们才会做出反应和相应的行为，说的就是这个道理。

不要用对错来评价一件事情，无论是正确还是错误的事情，都要看当时特定的场景，尤其是不能以现在的标准来评价以前的事情。我们改变不了事实，但可以改变观察事实的视角。比如，面对孩子的过度消费行为，家长满足了他的需求，容易出现牺牲感，但不给或者给了以后又觉得不应该无条件满足，就容易产生愧疚感，这种内外冲突就导致焦虑。允许自己焦虑，允许孩子用钱的方式来释放自己的焦虑，就可以了。如果不允许自己焦虑，家长就会想方设法去处理，就容易导致冲突的持续。凡被允许的，终将消亡。只要允许焦虑存在，就不需要去处理焦虑，内心冲突自然而然会消失。

与孩子发生冲突或者当孩子在宣泄情绪时，发生的事实是什么这个问题可以通过交流达成一致，但双方对这件事情的价值判断却有自己的标准，家长不应该把自己的标准强加给孩子。但经常会出现的一个问题是家长往往以孩子还小为理由，把自己的标准凌驾于孩子的感觉之上，孩子的感受因此得不到有效处理。

无论是欢喜还是痛苦，都是人生中必然会出现的东西，是生命本来的样子，来了不纠结，迎接就行，去了不牵挂，因为它本来就会过去。活在当下，在当下这一瞬间做好自己，才是我们最重要的事情。

不要给自己和别人贴太多标签，没有什么好与不好、对与不对，一旦贴了标签，就容易产生简单的正向或负向评判。无论做了什么、有什么样的认知、是什么人格类型，都只是你的特点，不是你的缺点。"大神"劝导我们要爬到山顶去看风景，我不喜欢爬山，就在山脚下躺着看大家爬山，也挺好。

跟自己和解

在成长的过程中，我们经常会遇到各种各样的卡点，这种卡点实际上是自己潜意识中不敢面对的东西，是自己未被满足的需求的表达，学会看见自己、直面自己的内心，才能真正消除卡点。

为什么我们对有些坏习惯总也改不了而心生愧疚呢？因为坏习惯里蕴含了至少一个我们未被满足的需求。或者说是我们的内在小孩的需求未被看见和满足。但是谁的内在小孩的需求都能被看见并

都能得到满足呢？

愧疚感源自我们内心的不安全感，而这种不安全感多来自自己被别人掌控的命运，或者是未来的不确定性所引发的恐惧。允许坏习惯存在，看见坏习惯对自己的满足，把坏习惯理解为这是在为自己的快乐买单，不是挺好吗？

我们不可能做到接纳对方所有的东西，也不要去试图接纳对方所有的关系。试图接纳的前提是不接纳，因为潜意识里的不接纳才能提醒自己要去接纳。努力要求自己应该接纳他的所有，应该给他无条件的爱，而实际上越努力，内心的抵抗就越强烈，这就是在反复强化潜意识中的不接纳。如果真接纳了，还会有这个问题？我们什么时候担心过孩子不会呼吸？因为这是本能，如果到了担心孩子呼吸的时候，一定是呼吸不正常了。担心孩子吃不饱，就说明他饮食方面不是很正常。越担心，就越努力提醒自己要接纳。有多努力，内心的抵抗就有多强大，担心就有多大。我一直在提倡"躺平"，不对抗了才能"躺平"，"躺平"是表示不跟潜意识对抗，让自己松弛下来，有困难有问题去解决就好，对抗不是解决问题的方法。

不要去讨论是不是需要无条件接纳，如果还在考虑这个问题，就说明潜意识里还是不接纳。不可能真正把孩子从头再养一遍，臣服于当下，就是与当下妥协，不再去试图改变对方，专心让自己好起来，让自己内心安定下来。没必要去纠结以前做了什么，重要的是要知道现在该做什么，平静地去迎接未来，这就是所谓"因上努力，果上随缘"。

每个人都不可能超越自己的认知去做事。成长是一个过程，弯路不重要，重要的是要认识到哪个方向是对的。认准了方向，进三退二，甚至进三退四，都是很合理的。弯路也是路，倒退的路也是路，都是人生必经之路。不要去纠结，不要去比较，每个人有每个人的因缘，没有一个人天生就有很高层次的认知，大家都是在各种各样的直路、弯路、套路、退路中跌跌撞撞走过来的。直达目标的人不是没有，但这种被上天眷顾的人毕竟是极少的。

　　谁的心里都或多或少有点心理问题，只要不影响基本的、正常的社会功能，就随它去，内心保留一点阴影也无妨。没有一个人能做到让自己完美，我们接纳自己的不完美，就能接纳孩子的不完美，接纳另一半的不完美。睁一只眼闭一只眼，就会发现，世界越来越美好。

发展自我

FAZHAN ZIWO

改善家庭环境的实践

不尚贤，使民不争；不贵难得之货，使民不为盗；不见可欲，使民心不乱。是以圣人之治，虚其心，实其腹；弱其志，强其骨。常使民无知无欲，使夫智者不敢为也。为无为，则无不治。

——《道德经·三章》

一、积极配合治疗

孩子只是生了个常见病而已，会康复的。家长如果把这个当作大事，那它就是一件大事，如果能用平常心对待，那它就是一件平常事。当然，这个病的麻烦在于个体差异大，对家庭的心理支持要求高，所以家长更要放下担心，多学习一些必要的知识，让孩子尽快走出来。需要特别强调的是，我不是医生，也没有任何的医学专业背景，这里所有的观点只是我在陪伴家长过程中形成的个人学习心得和感悟，并不构成专业解读。

1. 认识抑郁

我们通常所说的抑郁指的是严重心理问题的综合表现，从医学角度来说，可以分为抑郁、双相障碍、焦虑、人格障碍等。对于家长而言，诊断结果是什么并不是最重要的，家长要遵循同一个原则去做好陪伴，只不过根据症状不同在陪伴方法上有差异。

抑郁只是一种常见病

抑郁症不是一个病因学的诊断。一种疾病但凡被命名为某某病的，都有确定的发病原因，有确定的病情发展过程和疗法。而被命名为某某症的，一般只是一系列症状的归纳，没有很确切地搞清楚病因，没有确定的病情发展过程，抑郁症就是这种情况。

约 14.8% 的青少年存在不同程度的抑郁，说明抑郁是一种很常见的疾病，家长无须过多担忧。通过近年来各种媒体对抑郁症的宣

传，全社会提高了对抑郁症的重视程度，反过来，妖魔化宣传也加剧了全社会对抑郁症的恐惧程度，造成了精神问题泛抑郁化，以情绪低落为特征的一类心理问题都被指向抑郁症，甚至一些精神科医生对孩子的情绪问题诊断也有点泛抑郁倾向，而有些只是青少年阶段性的情绪波动和正常的抑郁情绪，这使得家长焦虑程度持续加深。

抑郁症的症状表现通常可以区分为认知症状、情绪症状、躯体症状三个方面；从与病情相关的角度，还可以区分为原发症状、继发症状。思维混乱是这些孩子最典型的特征，这是由疾病引发的过度思考，往往都是灾难化的。孩子自己无法停止，就会产生焦虑等症状，孩子的自伤行为往往与这种无法停止的思维混乱有关，是孩子试图用制造身体伤痛的办法来终止思维混乱。抑郁跟焦虑不是一个硬币的两个面，而是两种共生程度超过70%的疾病，单纯焦虑的并不一定会抑郁，但抑郁基本上都会伴有焦虑，只是程度不同而已。

现在医学界有个倾向性的观点，认为青少年抑郁通常都是双相的，双相的孩子一般以使用情绪稳定剂为主，不适合长期使用抗抑郁药。只不过有些孩子躁的一面表达得不充分，确诊为双相可能要一段时间，一年内能够确诊的话已算是非常快的了，通常都要两到三年才会被确诊，我曾见过六七年后才被确诊为双相的。若孩子有易激惹现象，就要高度怀疑双相。有医生说，从经验来看，如果孩子患病后体重没有下降，就要考虑是不是单纯的抑郁。

抑郁症不仅是一种疾病，更像是一种对人群社会功能加以分类的标签。当然，这里完全没有否定这是一种疾病的意思，只是基于我这几年的陪伴实践而产生的感受。事实上，我接触过的很多家长，虽然口头上都承认孩子是在生病，但行为上或多或少都在否认医生的诊断，给自己加了不少戏，徒添恐惧。

抑郁症的心理成因

目前，青少年抑郁症已是一个社会问题。孩子的抑郁成因主要有遗传以及人格类型、应激事件等，从实践来看，家庭因素是抑郁症产生的主要原因。

从这些年来陪伴家长的经历来看，抑郁症很多都是孩子为了配合家长而被训练出来的一种心理障碍，在家长各种细致入微的"关怀"下，孩子的意愿被持续忽视，这种关怀实质上是一种控制，是自己未被满足需求的投射。孩子随着成长而增加的内在需求，在家长一次次严厉控制下无法得到满足，最终导致孩子彻底放弃了自我，这就是习得性无助，即在经历了长期的失败和挫折后，面对问题时产生无能为力的心理状态。以前社会上推崇的挫折教育，往往是通过持续贬低孩子来引发其罪恶感，继而剥夺其安全感，实际上就是一种情感勒索。简单说，就是"反正我无论做什么你们都说不行，那我就干脆放弃了，一切听你们的"。

这种控制是以爱的名义实施的。家长想做最好的父母，同样也在要求孩子做最好的孩子；家长想为孩子做好每件事情，同样也在要求孩子做好每件事情。当一切都是为了让孩子有一个好的未来时，一切被家长认为是对孩子未来不好的东西就会被拒绝，当这种控制超过孩子的心理承受能力时，孩子的心理问题就变得不可避免。家不是讲理的地方，而是讲感情的地方。家长没有认识到这一点，就会一边努力促进孩子康复，一边又用原来的方式让孩子继续生活在高度控制中，使得孩子的康复道路变得崎岖，甚至出现悲剧。

并不是所有的病人都愿意从疾病中走出来，因为他们可以从中获得非常多的好处，即所谓继发性获益。一个生病的人总能获得家人及其他人的照顾，这很正常。但当继发性获益超过了疾病的伤害程度，病人就会不情愿从病中走出来。这并不是装病，而是一种因为自我暗示而对症状过度关注后的自然而然的行为，在慢性病人中尤为多见。孩子有时候会因为太小而搞不清楚抑郁症的后果，只觉得可以从中获得额外的好处，走出来的动力就会弱很多。

获得继发性获益是有积极意义的，内化、固化继发性获益，让

孩子不再恐惧失去，可以让孩子坚定走出来的信念。孩子得了抑郁症，实质上是启动了一种对自己的保护机制，是在通过生病的方式提醒家长应该做出调整了。使用所谓技巧而不是真诚来赢得孩子的信任，也许就是很多孩子不愿意让病好起来、很愿意配合家长"表演"的原因吧。只要让孩子相信，家庭真的已经改变了，孩子就可以真正走出来。

任何事情都是有意义的，包括痛苦，因为它可以让自己逃避很多事情，如果不再痛苦，就意味着必须直接面对生活中的一地鸡毛，很多家长不愿意改变自己，实质上就是不愿意放弃痛苦，而用愧疚感控制自己，以逃避自我成长的压力。我最常听到的就是：道理都懂，但做不到。其实这只是因为这些家长不想去做，还没有做好直面真相的准备。

理性观察孩子的状态

心理问题跟心理疾病之间的界限并不是很清晰，不影响生活的就是心理问题，严重影响生活的就是心理疾病。抑郁也一样，每个人或多或少都会有一点抑郁情绪，做事认真的人抑郁气质更强烈一些，只要不影响正常生活，就没必要处理，与之和平共处就行。家长保持平常心，学会如何观察、陪伴孩子就好，出现极端行为的毕竟只占了很小的比例，而且往往与家庭氛围长期得不到改善高度相关。

心理问题会导致身体制造出一些状况，躯体症状就是因为焦虑等心理因素，强化了身体的不适感。我觉得，从某种程度上来说，抑郁是关系出了问题后的躯体症状，是自己内心在期待中制造出来的真实，虽然有一定的生理因素的影响，但这种生理上的问题并不足以形成如此强烈的身体反应。还有一种抑郁叫隐匿性抑郁症，没有很明显表达出心理障碍，但躯体症状比较明显，基本上那些不明原因的慢性病人或多或少都有这个问题，过度夸大了自己的躯体症状。比较典型的如总也查不出问题的偏头痛、心口痛、胃痛等，都是很典型的抑郁症的躯体症状。通常精神类药物都有不同程度的副作用，它的特点是在用药之前没有出现过而且停药后就会消失。躯体症状与残留症状往往不容易区分，如认知受损、情绪消极等，这些并不能通过治疗彻底得到清除，孩子康复后或多或少都会有一些残留症状。孩子的自述有时候也并不可靠，经常会夸大一些不良反应，家长切不可听到风就是雨，要细致观察。

抑郁症是生理、心理、社会等因素共同作用的结果，没必要过度夸大某种特定因素的作用，家长要充分尊重专业医生的专业能力，不要用自己从书上、网上得到的粗浅知识来质疑医生的职业能力和经验。家长需要客观观察、记录孩子的状态变化，学习如何区分这些不同的症状表现，这个真的非常重要。比如在孩子出现问题前有什么不好的习惯、是什么原因引发的问题或者说在状态出现变化前发生了什么，情绪起伏是否具有周期性。在药物方面要学会观察孩子用了以后改变了什么、有什么没变化、出现了什么新情况、有什么波动等。但常见的是，家长被自己的焦虑控制，能把事情说清楚就已经很不容易了，还添加了很多自己的想象，总是说一些"我觉得""我认为"。这就是为什么家长需要了解基本的医学知识。

了解基本的医学知识和心理学知识，可以让我们以平常心对待这些事情。比如，宗教活动对于某些慢性病能起到帮助康复的作用，以前人们会把这些归诸神灵的加持。实际上，当人们专心于仪式感强烈的宗教活动时，身心容易放松下来，内在冲突可以得到释放，身心疾病也可以得到缓解，我们没有必要赋予其超自然的解释。

处理自伤行为要冷静

一项研究表明，女性青少年比男性青少年更容易有非自杀性自伤行为，并且男性和女性还可能选择不同的自伤方式。面对压力和负面情绪，男性更有可能启动解决问题的策略，容易走极端；而女

性则更有可能专注于情感导向的应对策略，采取自伤行为主要是为了调节情绪和自我控制。

非自杀性自伤并不只是用刀划手之类。为了缓解情绪或是引起关注而主动去实施的，主观上有意且直接导致伤害性的行为，都可以归到这个范畴，如酗酒、抠指甲等，只不过这些行为家长往往都司空见惯，没当一回事。网络自伤是近年来随着社会信息传播媒介的快速发展而产生的一种新型的自伤形式，是指自己在网上匿名发布或分享贬低自己的信息，从而达到自我伤害的目的。

有一些不太严重的自伤行为容易被忽略，比如抑郁症患者是不能喝茶、酒、咖啡等有兴奋作用的饮品的，孩子自己也是知道的，但情绪上来以后，孩子仍然没有办法摆脱它们。

自伤的心理动机主要是痛哭和呼救，是孩子希望被理解、被重视、被认可，渴望得到一段被关注的关系，表达他们非常痛苦和无助的情绪，是一种无声的哭泣。他们希望用自己的方式从困难的处境和情绪中走出来，但又不知道如何解决当下的困境。

我们看到孩子这些行为时，还要看到行为的背后到底是什么，这才是最重要的。家长越担心，孩子就可能越想去做。凡是允许，终将消亡，允许了，他的渴望程度就会降下来。如果家长始终不允许，孩子的渴求就会越来越强烈，与家长对抗而产生的快感或满足感也会越来越强烈。

当发现此类事情后，家长首先需要判断是否存在生命危险，如果不涉及这方面的问题，就应尽量保持情绪稳定，不要过多采取行动。不从原因上解决，只通过把锐器收起来等行为来防御、对抗孩子的行为，实际上是在刺激孩子。在对抗中孩子成功地引起了家长的关注，这原本就是孩子的目的之一。这需要权衡，两害相权取其轻，相信家长会有自己的抉择。

2. 医疗是一个试错过程

讳疾忌医是家长很常见的心态。孩子只是生了病，还是一种常见病，找专业医生去治就能很快控制住症状的发展，但很多家长就是不愿意去医院，不信任医生。家长的这种自恋很容易耽误孩子。

治疗是一个试错过程

抑郁症个体差异大，共生症状多，药物起效慢，副作用强烈，医生在治疗过程中会经常对药物进行调整，一些家长会对医生产生不信任感，这反而会影响医患双方的正常沟通，还会对孩子产生不良影响。

一个成熟的精神科医生往往在专业的医学院校进行过五年及以上的学习，并具备多年的从业经验及各类培训经验，信任医生是家长应该确立的信念。抑郁症的诊断虽然有各种量表和标准的问诊流程，但主要还是依靠医生的主观诊断，基本上没有各种客观性指标辅助医生进行客观判断，经验至关重要。医生并不只是凭量表的值来做诊断，还要通过对话来确定症状，包括病人填写量表的过程也是诊断的依据。但在家长看来医生只依据简单的量表就随随便便得出了结论，没有各种理化指标检查、化验，于是就很容易产生不信任感。家长这种高度关注就是内心焦虑的体现，此时信任医生是件很困难的事。

事不关心，关心则乱。见过孩子初诊一个月内就换了两家医院三位医生的家长，每次换一个医生都要求换一次药，但药物起效至少得半个月，这种行为只能让孩子的症状得不到有效控制而影响依从性。家长在充满焦虑时，就会放大孩子的问题，观点太多而事实太少。如果医生只根据家长的陈述做出诊断，最终会产生一个什么样的结果可想而知，不完全听家长的，一旦治疗结果没有达到家长预期，在当前医患关系大背景下会产生什么结果也可想而知。这就是有经验的医生不太听家长的话，甚至把家长赶出去后再跟孩子直

接交流的原因之一。

家长应当把专业的事情交给专业的人去处理，多跟医生交流孩子具体的细节，让医生全面了解情况，这有助于医生准确判断孩子患病的程度。如果孩子与医生建立了良好的沟通关系，家长务必不要去打听交流内容，为孩子留一些空间，若有家长应该知道的东西，医生会基于专业判断主动告诉家长的，无须担心。家长也要理解医生的工作性质，他们不一定会在下班时间处理病人的情况，家长最需要做的是与医生保持良好的关系，努力让医生成为你的"家庭医生"。

可以向医生多请教一些如何做好家庭支持方面的问题，配合医生的诊疗方案，对于医院的紧急处置行为给予充分尊重。一般情况下，医生会对孩子是否必须强制送医做出判断，如果没有紧急情况，就要充分尊重孩子的意愿。若需要强制就医，家长可以不直接出面，尽量让亲戚或社区、学校以及110、120等帮忙。如果家长必须出面，也尽量让一位家长继续与孩子保持良好的关系，以便后续陪伴。

虽然抑郁症是一种常见病，但将抑郁称为情绪感冒，是无法让家长真正安下心来的。正确面对才是解决之道。当今医学界在研究发病原因、控制症状、支持康复、药物研究等方面都有了令人欣喜的进展，只要遵循正规医疗的疗法，就能取得令人满意的结果。

个体差异导致用药效果因人而异

现实中，许多孩子非常排斥吃药，一方面是由于强烈的病耻感，另一方面也有药物副反应的影响。因为排斥，孩子甚至会拒绝去看医生，包括心理医生。

此时，家长要放下担心，充分尊重孩子的意愿，尊重孩子的选择。只要不严重危及生命安全，就充分尊重孩子的决定。这不是一个对错的问题，而是一种权衡。强迫治疗的后果通常会大于放弃治疗的后果，要在两者之间哪个负面影响更大的权衡中做出合适的抉择。强行让孩子就医吃药，实际上是家长因为对孩子不就医后果的恐惧而发起的对孩子的攻击，通常无法缩短孩子的疗愈过程。

对于药物，要听取医生的建议，孩子有时候会夸大药物的副反应，原则上应当尊重孩子的意愿，每次到吃药时间时可以去提醒一下，适当劝导但不强迫孩子。孩子得病后认知受损，家长不能完全听之任之，要在全面、冷静观察后做好权衡，找到合适的处理方法。

孩子有改善的愿望时，通常也愿意把药物交给家长去管理，关键是家长如何做好引导而不是强行要求。如果孩子强烈抗拒就医吃药，而家长强迫或者通过欺骗方式让孩子吃药，那么它造成的不良影响会远远超过孩子吃药的效果。这同样也是权衡的问题。当孩子病情不稳定、情绪出现剧烈波动时，擅自停药或大量吃药会是很常见的现象，家长可以适当介入，让孩子养成按医嘱定时、足量服药的习惯。

中医在治疗抑郁症方面能够发挥积极作用，尤其是在康复阶段中医治疗的效果是比较理想的，但请不要相信只是口口相传的未经验证的所谓民间偏方，实践证明，民间偏方基本上都不可靠。是药三分毒，中医的基础是因人施药，把一种不明所以的药物直接用到孩子身上，是家长很不负责任的行为。很多正规的中医院都有与情志病相关的科室，建议找专业的中医师咨询。

正规、专业的医学治疗是让孩子走出黑暗的首选，是身心康复的起点。专业的医疗未必就是吃药住院，一般来说，如果是轻症，医生不大会建议吃药，而是会建议做做心理治疗之类。重症的首选是住院治疗或药物治疗，以迅速阻止状态持续恶化。介于轻症与重症之间的，医生会提供专业判断，家长可以进行选择。

家长更应该把关注点放在调整自己、改善家庭环境上，给孩子一个宽松的小环境，当孩子能量提升后，他就有力量对抗病耻感，从而解决就医意愿问题。

配合医生的诊疗行为

抑郁症的治疗与非精神类疾病的治疗不同之处在于治疗方案需要根据个体差异反复调整，不能以此作为对医生能力的判断标准，这方面家长要有清醒认识。与医生保持经常性的沟通，便于医生随时掌握孩子状况，及时处置，不要试图用我们有限的业余知识来挑战医生的专业判断。

根据《中华人民共和国精神卫生法》，双相情感障碍属于严重精神疾病。一个人被确诊为双相后，按照法律，医院要通知社区、警方，病人可以享受大病救助等，但这对孩子一生的影响非常大，为防止出现不必要的困扰，医生一般会先按抑郁诊断，大多要过几年后才可能会确诊为双相，但在治疗上医生又会考虑这个因素，这是一些家长觉得医生的治疗不对症的原因之一。所谓抑郁转化为双相，大多是这个原因，并不是诊断错误或是病情变化，更不是医生的专业能力问题。

精神类药物起效时间一般需要 15 天到 20 天，其间会反复调整，出现不良反应和病情反复都在所难免，而且药的不良反应也会导致孩子某些方面的状态变坏。孩子开始吃药后，精神会放松下来，以前抑制住的一些症状就会暴露出来，但药物的作用还没有发挥，这就是孩子刚吃药时会有一段时间好像比不吃药的时候更差的原因，有时候换药过程中也有这种情况。家庭支持环境建设中有个很重要的任务就是提升对医疗的依从性，医患双方要建立充分的信任，及时沟通情况。擅自给孩子停药不可取，会严重影响治疗效果。如果孩子强烈拒绝住院、服药，在不危及生命安全的前提下，应当尊重孩子，但这只是一个权衡、抉择的问题，不表明停药或停止治疗是正确的选择。用药方面，在长期按医嘱使用某一种药物效果不明显时，可以考虑做一个基因检测以确定是否属于药物敏感性问题。

若孩子还处于重度抑郁状态，医生通常会建议住院调整。住院是让孩子离开原来的生活环境，进入一个全新的、高度结构化的空间。精神专科病区往往都是封闭的，是规则感很强的场所，有规律的作息，医护人员随时观察孩子的状态，药物调整随时进行，孩子可以得到更有效的保护，容易获得安全感。孩子住院期间，家长还可以在专业医生指导下调整与孩子的相处模式，为家庭氛围调整创造条件，这些对孩子的康复是非常有利的。

但住院会导致孩子的学习和社会功能中断，加上社会对精神疾病的偏见，孩子不容易在医院之外得到普遍认同，也不容易被孩子的同伴群体认同，这会导致孩子对住院产生抗拒和强烈的病耻感，这也是一些家长抗拒住院治疗的主要原因。这仍是一个权衡的问题，家长要相信专业医生的判断，要按医生要求行事，切不可自以为是。

需要指出的是，当孩子在住院期间出现攻击行为时，无论是攻击他人还是攻击自己，医生都有权对孩子采取强制约束措施，这是《中华人民共和国精神卫生法》赋予医院的权利，也是精神障碍正常诊疗活动的一部分。家长必须通过医院的硬约束来为孩子的行为设定框架和底线，家长要持平常心，消化好自己的情绪，充分尊重医生的诊疗行为，切不可因此而质疑、攻击医院，否则不仅不利于孩子的治疗，更会使一次重塑规则的强制行动效果化为乌有。

上述观点只是我在陪伴家长的过程中观察得到的结果，孩子的治疗要听从医生的专业诊疗方案。家长如果能够细心观察，掌握孩子状态起伏的规律，就可以提高自己和孩子的医疗依从性，提前采取一些预防性措施，平缓情绪变化频度和波动烈度，这会更有利于孩子的康复。

3. 心理咨询与心理治疗

心理治疗本质上就是一场鼓励讲真话的游戏，专业的心理治疗师、咨询师可以通过系统的方法，帮助来访者暴露自己的内心，发现其中的卡点，并给予适当的回应，以促使来访者找到适合自己的解决问题的方法。

做心理咨询前的准备

心理咨询跟心理治疗的界限是非常明确的。心理治疗是属于医学治疗的一种，心理治疗师属于执业医师，并不是随便参加一些社会培训就可以获得资质的，一些大的医院尤其是精神专科医院都有心理治疗门诊，心理治疗对孩子的康复有比较正向的作用。心理咨询更多的是一种陪伴过程，不一定具有医学治疗的功能。

家长在对心理咨询有所了解之前，不要轻易去找心理咨询师，现在这个行业太乱，找一个合适的心理咨询师更多的是碰运气。通常情况下，家长对心理咨询与心理治疗往往是不加区分的，对心理咨询的取向更是不加区分。

有些心理技术流派注重一些短程的东西。短程的心理技术会注重一些行为上的、行动上的方法，标榜自己只要一次两次就能解决很多的问题，会让你去配合咨询师做一些事情，并有明确要求，比如每天晚上跑五公里。能跑起来效果自然好，是很容易见效的，但如何能让一个焦虑、抑郁的人坚持每天去跑五公里呢？长程的心理咨询一是价格贵，二是刚开始几次效果会很好，但过了一段时间后，会出现边际效应递减，很难让人在一次次见不到明显效果的时候还能坚持下来。

心理咨询师入门门槛并不是很高，未必需要很专业的学习，只要有足够丰富的人生阅历，加上一些基础培训，就可以胜任。判断一个心理咨询师的专业程度，一是看学习经历，尤其是从业后的复训、督导经历；二是看个案数量。高年资的心理咨询师相对而言经验丰富，能力也更强一些，但也要看与孩子是否配合，如果孩子不喜欢，也会导致咨询进行不下去。

对于那些挂着唬人头衔的心理咨询师、分析师等，不要因为对方写了什么书、在网上露脸了多少次数等这些营销套路来判断他们，看看他们的学习、从业经历，再听听他们自我吹嘘的疗效，就可以判断出个七七八八。如果有人吹嘘自己有某种超能力、新理论，能为你解决问题，彻底治愈心理疾病，那么基本上就可以把这些人归到江湖骗子行列。

判断心理医生、心理咨询师的专业程度，有人总结过一个很简单的检验办法，就是看做完咨询的当天晚上孩子是否有个好睡眠，至少得是睡眠有明显改善。如果做了心理咨询和治疗后，孩子当天晚上比平时更睡不着，那就得验证一下他们的专业程度了。当然，孩子有激烈对抗的除外。

家长学习了一些理论知识，掌握了一定的处理技巧，能更好地看见孩子，能够托住孩子，这是非常有益的，但不能指望通过学会这些技巧就代替心理咨询师的工作。因为家长不具备超然的定位，也不具有权威性，加上自己就是问题的一部分，指望通过学会心理咨询来解决自己孩子的问题，可能是一种全能自恋。

心理咨询的能与不能

心理咨询只是一种辅助手段，有助于缩短康复的过程。再长的路自己也能走出来，而心理咨询能让这个路程缩短，减少痛苦的持续时间，对孩子、对家长都是非常有益的。

咨询师有个经常会被问到的问题："我什么时候可以好？"这个问题本身说明来访者是抱着很功利的目的来咨询的。心理咨询师只是帮你寻找问题，在他的引导下你看见了自己的问题并思考是不是还要这样过下去，心理咨询任务就完成了，他没有义务帮你解决问题，甚至不一定能帮你找到问题。心理咨询能帮你缩短走出来的时间，但无法给你对结果的承诺。咨询是有周期的，只要认真照做，一个周期结束以后就会有明显改善，但任何一个正规的咨询师都不会给出承诺。家长把解决问题的需求加给心理咨询师，就会产生巨大的矛盾，会觉得心理咨询没有用处。孩子有意愿去改变，心理咨询能帮助他看到自己的问题，他自己不愿意动，什么方法都没用。

大包大揽说做一两次后问题就会彻底解决的，基本上都是"野生"的咨询师。

通过心理咨询把情绪激发出来很简单，把激发出来的情绪处理好，让来访者平静下来，就不是理论上学到的东西可以处理得好的，咨询师需要经过反复训练，经过一套体系化的培训才能学会技巧，还要有一定的社会阅历作为配套。有些流派的心理咨询师对于你所有的情绪，无论是正面的、负面的，都会给出一个比较正向的解释。有些流派使用的心理咨询技术注重观察来访者在咨询现场被激发出来的反应。这些流派是什么、是否适合孩子，对于家长其实并不重要，但通过了解这些东西，家长可以对咨询师的专业程度大致有个判断。

传统的心理咨询至少需要几个月才能见效，对现实中遇到的难题，心理咨询师基本上是不会给你一个很具体的建议的。但对于比较焦虑的家长而言，这种做法就会显得比较冷漠。心理咨询不能解决孩子在社会关系中存在的问题，比如同龄人归属感问题，这还得依靠家庭支持环境建设。家长放下焦虑，能够以比较合适的方式陪伴孩子，孩子就会愿意配合尝试一切能让自己走出来的方法。

心理咨询的效果须咨访双方共同努力

采取任何与孩子相关的积极行动，都务必在充分尊重孩子意愿的前提下，进行风险评估后才能付诸实施，心理咨询也不例外，需要孩子自己愿意才能取得效果。家长要根据心理咨询的规则去判断孩子是不是需要做心理咨询、如何做，以及这个心理咨询师的专业能力，并确定需要心理咨询师帮你解决的问题，等等。

心理咨询发挥作用的前提是信任，如果孩子无法与咨询师建立信任，心理咨询自然也就不会有任何效果。选择心理咨询师前，要把孩子能够产生安全感作为首要考虑的问题，在此基础上才去考虑咨询师的资质、时间、费用等，家长切不可越俎代庖，也不可颠倒次序。专业的心理咨询师基本上不会在咨询关系刚刚建立时就给出十分明确的答案和对效果的承诺，如果有，那就是在画饼充饥。

常见的是，家长心急火燎要让孩子去做心理咨询，觉得只要开始做心理咨询了，孩子就会好起来，而孩子却无动于衷。且不说心理咨询并不一定能够迅速起效，也不说心理咨询与心理治疗的区别，就说这种急于求成的心理，其实是家长在投射自己内心的焦虑，这对孩子是很不友好的。都说家长是孩子最好的心理咨询师，但这并不意味着家长经过学习就天然能承担起这个角色，自己放不下焦虑，又如何能让孩子学会放下？

心理咨询师会在咨询开始之前就跟来访者建立链接，以有仪式感的方式来建立比较好的关系，在来访者面前树立适当的权威，然后再给予一些专业的分析、指导。通过咨询收费，心理咨询师可以建立起优越感，来访者会更愿意遵从咨询师提出的一些建议。

咨询师的作用首先是给你安慰，倾听你的宣泄，逐步引导你讲出自己以前遇到的一些事情，让你真正看到现在出现的问题是怎么来的，再用适当的方法让你从这种状态里得到恢复。很多"野生"的心理专家会在来访者刚开始倾诉的时候，就通过给答案的方式堵住对方的情绪出口，评价来访者存在哪些问题、来访者这个情况是什么问题造成的，等等。

中国心理学会关于心理咨询伦理的文件里，规定了对来访者保密的原则，如果不是涉及人身安全、不是为了解决孩子的问题，心理咨询师是不应该把他咨询的结果透露给家长的。一个有经验的心理咨询师会用适当的方式让家长参与心理咨询，这就涉及阅历、经验的问题。

4. 康复是一场漫长的旅程

康复是一场漫长的旅程，家长务必要放弃急功近利的做法，做好打一场持久战的准备，要在综合权衡家庭情况后设定合理目标，

有长期和短期的安排。

康复的最终目标是恢复社会功能

记得在一次活动中，我听一位知名大学附属精神专科医院的教授、精神科主任讲，美国某大学做过一个研究，研究者拿了几十个形容词，分别让医生和家长选择其中的几个词来评价孩子治愈后的状况，研究结果非常有意思，医生与家长选择的词汇中，排在前五的单词完全不一样，这是不同视角产生的结果差异。家长要认识到这一点，不要拿自己的标准去评判医疗的效果。家长关注的重点是社会功能的恢复，医生评判治疗效果主要是看生理层面，强调的是症状改善，医生无法改变学校、社会对孩子的影响。

我始终认为，孩子康复的标准就是看他有没有恢复正常的社会功能。社会功能意味着一个人在社会上有稳定的交往圈子，有稳定的社会身份和社会地位，有持续稳定的经济能力，即社会化程度高，有正常的社会化适应能力。比如学龄期孩子就应该在学校。当然这个前提是要根据孩子的心理健康程度来定的，如果已经没有办法让孩子回到学校，就要考虑做好其他社会功能的安排。

社会功能恢复并不是靠允许孩子在家里不洗澡、不洗衣服就能解决的，需要以家庭的支持环境建设为基础，从生理、心理、社会体系中来解决，不让孩子离社会主流价值观太远。从我这几年的实践来看，刚开始学习的家长，一般来说两到三个月就可以让家庭情况稳定下来，不再让其继续恶化，再两到三个月就可以让自己的心态稳定下来。当然，这个前提是家长真的愿意去改变自己的行为习惯，不再执着于以往的价值观标准，先让情绪稳定下来，再学会看见孩子的内心。

以前家长对于孩子的控制要远超过支持，孩子才会出现心理问题。过去虽未走远，但毕竟已经过去，接下来如何重新定义亲子关系，如何给孩子一个好的家庭支持环境，如何让孩子拥有更大的成长空间，让孩子学会保持正常的社会交往，有合理的自我边界，具备必要的经济条件和解决问题的能力等，都需要学习。这不是学历教育，也不是课堂教育，而是需要家长通过自我学习、交流、感悟等来改变认知，消除内心焦虑，这才是最重要的。

我并不认为孩子只有考上大学才算是恢复了社会功能，人生的路不止一条，一个人也不可能只有一种社会身份。当确认孩子已经无法回到学校后，家长的任务就是要帮孩子建立一个新的社会身份，获得新的群体认同，以恢复他正常的社会功能。至于这个功能是否符合当下的社会主流标准，并不见得有多重要，孩子的健康才是第一位的。时代在进步，很多新社会群体、新职业在不断刷新我们的认知，我们永远都不知道未来社会是什么样子，我们应当过好当下，支持孩子走出一条属于他自己的路。这并不是正确与否的问题，而是面临孩子当下困境如何抉择的问题。

康复的几个阶段

从我陪伴诸多家长的经历来看，以孩子的视角，我个人觉得孩子康复的过程按时间顺序大致可以分为三个阶段。

自我封闭期。这一阶段出现在孩子情况爆发的初期，孩子会开始休学，退出正常的社会功能，把自己封闭在房间里不出门。此时家长突然遭遇孩子的情况，不知所措，亲子关系高度紧张，甚至出现剧烈冲突。

这个过程如果处理得当，亲子关系可以在比较短的时间内破冰，自我封闭现象就会基本结束；如果处理不好，就容易使孩子长期深陷于黑暗中而使认知持续受损，甚至导致一些悲剧性事件发生。这个时候任何能让家庭状态停止继续恶化的方法，无论是否"有毒"，都是好方法。许多平台甚至一些"野生"的心理专家在这方面都有一些好的做法，能在短期内取得比较好的效果。

关系调整期。这一阶段是在孩子自我封闭期结束后开始的，有

了家长前期合理的接纳，关系会在温和而长情的陪伴中持续改善。

这一过程对于家长是比较困难的，家长须要调整好自己的认知，与孩子重新建立合理的边界，它不可能一蹴而就，家长也没有普遍通用的模板"抄作业"。其间孩子状态的起伏是难免的，家长往往也没有处理好自己的问题，相互纠缠是常态。只要家长能解决好自己的问题，起到引领作用，这个过程就不会持续很久，通常会在关系明显改善后就与社会功能的恢复交织在一起。

功能恢复期。当家庭氛围改善后，摆在孩子面前的就是社会功能如何恢复的问题，这也是孩子康复的核心。

凡是不以恢复社会功能为目标的做法，都是以孩子的人生为代价的自娱自乐。人生的路不止一条，一切都要根据孩子和家庭的实际情况来定，把宝完全押在孩子复学上是不对的，但不以复学为目标的方法，也无法让家长真正心安，家长须要综合各种因素做出抉择。这一过程会持续很长一段时间，不断会有新的情况出现，最考验家长的智慧。

当然，以上的分期是我根据这些年来的陪伴经验，从孩子与家长的关系角度归纳的，并不是根据科学实验得出的结论，见仁见智而已。

学会与疾病和平共处

疾病迁延过久不但给孩子的身心健康带来比较大的损害，也会消耗家长的信心，所以很多家长希望找到"灵丹妙药"来让孩子快速走出来，但这条路没有捷径可以走，家长需要做好打一场持久战的准备，学会如何与疾病和平共处是较为合理的选择。

抑郁症的康复不是依靠单纯的医疗和心理治疗就能让孩子及时走出来的，按现在比较通行的"生物—心理—社会"医学模型，三管齐下方能达成目标，家庭氛围的改善是这三个方面发挥作用的基础。

一方面，家长要认识到，孩子是真的生病了，但也只是一个病而已，不要附加太多的恐惧而把整个家庭拖入死寂中。另一方面，孩子的病证明了家长以前的养育模式出现了很大的问题，家长要痛下决心，改善家庭成员之间的关系，回归有利于孩子康复的氛围中。常见的是家长始终怀疑孩子是不是真的患了病，怀疑医生是否夸大病情甚至误诊。我经常见到有家长说，如果不去医院，不诊断为抑郁，孩子就不会变成现在这样。说起来这其实是在自我防御。如果防御行为过于强烈，就会妨碍当下问题的解决。

至于如何改善，有许多科学的方法可以学习。首先要学会透过孩子的行为看到背后的需求，陪孩子度过黑暗而不是拉着孩子走向光明；其次要放下内心对孩子不合理的期待，让孩子卸下来自家长的压力，按照自己的意愿成长；三是要通过自我成长，让孩子学会如何面对挫折、如何接纳自己的平凡。

很多时候家长并没有做好孩子走出来的思想准备，并没有让自我成长成为一种稳定的状态，就容易出现孩子一好起来期待就立刻水涨船高的情况，进亦忧、退亦忧，孩子也只能用病情的起起伏伏来跟上家长的节奏。靠正向自我暗示能够使自己获得能量，但这种能量未必能够影响他人，也很难真正解决问题。靠外部力量也无法让一个人获得持久的内在力量，只有看见自己，接纳自己的平凡，允许自己的不成长，成长才能持续。

当发现孩子出现严重心理问题后，很多家长就会小心翼翼地避开与孩子争吵，不敢面对孩子的疾病，但这种回避会让孩子本能地抗拒家长所回避的东西，会让孩子更加愤怒，让家长感到委屈和无所适从，甚至可能引发新的冲突。

允许自己失败才能臣服当下

活在当下，是家长消除内心冲突，做好陪伴的不二法门。几乎所有陪伴方法的基础认知就是让家长和孩子把心收回来，放下对过

去的愧疚和对未来的恐惧，专注于当下的真实生活。

许多人都会在年少时把一些很崇高的目标当作自己未来的方向，会给自己塑造全能人设，当真正进入社会后，就会面临一种希望破灭的痛苦，容易把自己未能实现的目标强加给孩子，让孩子来替自己实现。当孩子开始有了独立认知，就会试图摆脱家长的控制，冲突就出现了。如果无法得到有效处理，孩子或者会成为一个很听话没有自己思想的孩子，或者会在冲突中战胜家长而成为所谓问题孩子，如果两者都不能实现，内心的冲突就会导致孩子出现严重心理问题。

沉浸在过去的愧疚中，除了让自己的痛苦情绪有一个释放出口外，对解决当下的问题并没有很多的意义。沉浸于想象中的未来，只会让问题不断被制造出来而让自己更加焦虑和恐惧。当然，这些都能让自己回避直面当下的问题，回避自己不愿主动寻求解决问题的方法，能够缓解自己的不安，但这对孩子是非常不友好的。

把心收回来，专注于当下的问题，直面家庭的种种冲突，是解决问题的第一步。这需要家长深切地解剖自己，跟过去告别。毕竟当下家庭里出现的问题，基本上都是家长长期用不合理信念制造出来的，直面问题就意味着要彻底与过去的自己做告别，这是一个哀悼过程，是刺向自己内心的一把钢刀。所以有人说，只有从地狱爬出来的人才会成长得快，就是这个道理，经历过地狱的煎熬，对自己过去撕裂的痛苦就不再无法接受。

真实是当下的真实，不是被想象制造出来的，也不是回忆出来的。活在当下，就是要专注于处理当下的真实存在的东西。往事不纠结，未来不恐惧，专注当下，臣服当下。否定当下的真实感受，就是一种妄念，纠结于当下这种感受也是一种我执。

活在当下，首先要承认自己做不到，更要允许自己做不到。当亲子关系还处于激烈冲突时，活在当下几乎是不可能完成的任务。只有当家庭内部冲突已经处于可控的范围，家长才有可能放下对过去和未来的执着，专注于当下。孩子自我封闭不能正常作息时，家长难免会对孩子的未来产生负面的联想，即便能通过各种自我暗示的方法让自己不表现出担心、焦虑，仍然会试图用一些立竿见影的方法让情况迅速改善，过度学习、在互助平台上过度自我暴露是这个时期很常见的现象，不想错过任何一个能让孩子好起来的机会，这本身就是焦虑的表现。在焦虑支配下表现出来的安宁，不是真正放下。家长通过过多的自我暴露与他人建立新的关系，让自己的焦虑得到一些释放，但同时也会把自己困在局中，不容易改变在暴露中为自己树立起来的"人设"，还会下意识地让自己的行为符合这种"人设"。

允许自己的无能为力，允许自己无法解决内心的冲突，允许自己的问题会在很长一段时间内依然存在，无须为做不到而焦虑，平静地等待时机到来，这才是对当下的臣服，这才是活在当下。家长要学会臣服，从而让孩子也学会如何对当下臣服，这是家长学习成长的目标，也是作为家长应尽的义务和引领孩子走出来的方法。当我们内心越努力寻求放下，反向强化的作用就越强大，更不容易让自己放下，只会徒增内心的焦灼感。

"山中贼易除，心中贼难除"，我们要不断修炼，不悔恨过去、不担心未来，过好当下。未来是由每个当下组成的。对困境不回避，以符合自己认知的方式与之和平共处，相信并欣赏自己的处理方式，是活在当下应该有的样子。在网上见到过这样一句话：当你面对困境时，用你能接受的方式接受困境，如果你有解不开的心结，请把它系成蝴蝶结。

二、合理陪伴孩子

陪伴的过程，就是修复与孩子关系的过程，家长要根据孩子的不同情况，重新开始一段成长的旅程。

1. 陪伴

陪伴就是在你有需要的时候，总有一个人随时等待你出现，听你诉说，还能给你恰当的支持，使你对自己更有耐心、更有毅力。陪伴，应该像一杯温开水，刚好能喝下去，很舒服。

陪伴孩子的成长

家长要学会如何看见孩子行为背后的东西，不要老是想应该是什么。看见了，这个事情就好解决。理论上的东西只是在帮助你明白这个是什么，解决问题得去实践。

都说家长是孩子最好的心理咨询师，但心理咨询师与来访者的关系是不平等的，咨询师具有一定的优越感，而家长在孩子面前一旦有了优越感，就会形成攻击。家长的主要作用是倾听与陪伴。倾听是双方基于一种平等的关系，陪伴的前提是共情，但有了亲子关系的前提，加上以往的种种行为，已经很难恢复双方平等的地位，家长其实很难把握好这个尺度。如果家长试图指导、帮助孩子，那就是让自己处于一种居高临下的地位，亲子关系又会回到原先的状态，倾听与陪伴的效果也就无从谈起。

人在被叫醒之前是睡着的，孩子是来叫醒我们的，醒来了，智慧也就来了。改变自己的目的不是改变孩子，而是把孩子唤醒，是把心思从孩子身上收回来，专注于自己的成长，让自己成为孩子的榜样，从而带动孩子朝着家长前进的方向跟进。家长不需要告诉孩子什么是错的、什么是对的，行不言之教，让他看到对的样子，就行了。

孩子面对无助的现状，往往会选择"躺平"，通过放弃正常的社会功能来减轻内心的冲突。而家长在学习成长后的"躺平"，其实也是在通过主动放弃一些对自己、对孩子提升社会功能和价值的高要求，以降低内心冲突的程度，让自己松弛下来。两者都是一种主动选择，区别在于，孩子的"躺平"多半是基于对未来的无力感，而家长的"躺平"是对未来具有掌控感的主动选择。当孩子获得了力量，就可以从"躺平"状态中走出来，而家长内心充满力量后就能"躺得平"。毕竟人都有正向发展的动力，即使孩子在"躺平"期间，他还是想把游戏打赢，还是会选择符合自己口味的食物，只不过会多以拒绝进食的方式放弃选择而已，这就是孩子内心仍然存在的力量。

当家长看到孩子内心还有期待时，需要去思考这种期待是什么、从哪里来等背后的东西。孩子内心的期待就是家长期待的投射，"躺平"是因为孩子对所期待的目标很迷茫，但至少孩子还有一个目标在支撑，只不过它通过情绪化的方式被表达了出来。如果看到了这些，就可以很容易找到卡点。当我们知道未来会是一个什么样子，心里就不会有恐惧，就可以心安理得地"放飞"自己。当我们觉得爬山太累，那就原地休息或者下山喝喝茶。家长安心了，允许自己不再纠结于成长、完美，孩子自然就可以获得滋养。

消除愧疚感

为过去道歉，可以为孩子对自己的纠结提供一个合理化的理由。基于这一点，道歉是有益的。但事情不可能只有好的一面，在

不恰当的时间以不恰当的方式道歉，既会让家长产生愧疚，也容易使孩子回避自己当下的问题，关键在于恰当。

虽然家长能够承认孩子得了病，但内心始终有一个顽强的抵抗，大都不情愿对外界公开孩子得了抑郁症的实情。由于关切，家长的焦虑实际上是无法隐藏的，语言上会装作若无其事，但神情会出卖我们。要知道，抑郁症的孩子是聪明而且高度敏感的，属于聪明过了头的那种，从家长的一言一行、一个表情中，他们都会读出很多东西，而且他们所读出来的基本上都是负面的信息。

一个人为了某件事情生气，实际上并不是因为这件事情愤怒，而是因为这件事情激发了他内心的痛点。一个人在社会上有很多角色，众多的社会关系难免会导致这个人莫名其妙出现一些情绪。在所有的社会角色中，最重要的是自己。因为对自己不满意，就会不知不觉拿自己心中实现不了的标准去衡量别人，才导致了生气。如果把自己的心丢失了，又如何去观照别人的心？家长通过学习获得成长后，虽然还会时不时对孩子有所期待，但一旦产生冲突后，能够迅速觉察自己的问题，感受孩子此刻的心情，从而避免冲突的扩大，这就是内心充满力量的体现。

家长还在后悔伤了孩子，说明自己内心还是有恐惧的，还是没有让自己真正"躺平"。无论伤害不伤害，这些事情都已经过去了，道歉也没有实际意义。所以，这个东西要看结果，只要没有产生特别重大的、不可挽回的后果，就不必管它。过去的就过去了，家长放下了，孩子就放下了；家长放不下，他也就放不下。对孩子来说，这些事情已经过去，家长还要找原因，还要道歉，说明家长还没有把事情放下。把简单化的问题搞复杂，让孩子配合你的情绪再来一下，何苦。过去的事情已经过去，家长最多说说当时没控制好之类，打消一下孩子的顾虑就好了。我们从小就接受了吵架是不好的观念，要学会把情绪隐藏起来。其实，偶尔爆发一下，可以重新定位家庭成员之间的关系，这就是所谓破冰。

孩子走出自我封闭阶段后，会有较长一段时间处于不稳定状态，症状会出现反复，情绪自然也不能处于持续稳定状态，此时任何指导、劝阻，都会制造家长与孩子的对抗，激化矛盾。用自己的能量带动孩子与对孩子抱有期待，这两者确实很难区分，每个家庭的情况几乎都不同，没有公式可以判断，需要以家长的成长来觉察。有个基本原则是家长不替孩子做决定，只是给予引导，为孩子创造一个好的环境。

孩子本来就是因为能量不足才困在抑郁里出不来，如果家庭还是一个让孩子消耗能量的地方，就很不好。让孩子在家庭里能够增加能量而不是相反，需要家长做好自己。处理孩子情绪的关键在于家长要放下焦虑，孩子的情绪起伏会让家长的情绪也跟着波动，反过来也一样，家长焦虑了，孩子也会被影响而更加焦虑。家长将关注的焦点放在孩子做不到的点上，孩子自然就会拒绝，但这并不表明孩子不想好起来，所以家长才要反复不停地去学习，直到找到这个共鸣的点，这样才能真正帮到孩子。

正确表扬孩子

任何人都需要被表扬，人们通常认为，抑郁中的孩子更需要通过被表扬来获得价值感。但有时家长表扬孩子后，孩子的反应不是喜悦而是愤怒，这种现象很常见。这说明家长的表扬可能是不适当的，并没有触碰到孩子的需求。

其实，与被表扬相比，孩子更需要被认同。因为被表扬会使内驱力发生改变，简单地说，当初他做这件事情或者考了个好成绩，只是为了单纯的快乐，或者是出现了超出预期的结果，被表扬了，就是承担了家长的期待，需要下次能够继续满足这种期待，对于孩子来说这是一种压力，孩子会害怕因为做不好而失去表扬，不敢完成目前的事情或以后继续做好类似的事情。好学生由于对好成绩缺乏超出期待的满足感，会因为成绩下滑而倍感压力，如果这种情绪

能够得到认同，它就会被释放，但很多孩子并没有得到这种对待。

家长的表扬经常是一种优越感的投射，或者是为了某种控制，尽管这种控制的动机是潜意识层面的，家长自己也未必感受得到，但孩子能读出来。我表扬你，是希望你今后能够继续这样做，但孩子尤其是青春期的孩子，因为自我意识的觉醒，会单纯因为反对而反对，选择对抗家长的期待而显示自我，避免自己是因为在期待家长的表扬才会去做好这件事情，虽然他的潜意识层面确实是在寻求认同，但他容易以反向形成的方式表示拒绝。

说起来，我们每个人无时无刻不在扮演某种角色，表扬孩子通常只不过顺应了我们所扮演的角色所赋予我们的台词，我们内心是期待孩子会对我们的表演做出某种回应的。本来是孩子的舞台，因家长的表扬而发生了角色转换，这种角色的转换如果能发生在同一个舞台上，也就是说，是在同频共振基础上的表扬，那么它跟孩子的高兴就是匹配的，孩子也不会感觉到这种转换。当家长的表扬使孩子成为观众，孩子就会产生失落感，感觉被控制。有个极端的说法是：当众表扬别人等于羞辱别人。其实这句话在很多场景下都是一种现实。

不要比孩子更开心更快乐，这或许是表扬孩子的边界，也适用于表扬其他人。如果我们的快乐程度高于孩子，就容易让孩子认为这件事情是家长热切期待的，跟他关系不大，很容易产生抑制自己下一次做好的冲动以避免失败。不要因为孩子的事情而快乐，只要单纯地快乐着孩子的快乐，因为你快乐，所以我快乐，就好了，这个原则同样可以用来处理夫妻关系等其他关系。

允许是最好的陪伴

孩子出现了心理问题，家长应从现在开始逐步修复亲子关系，放松对孩子的控制，给孩子更大的空间。孩子已经被培养出来的不良习惯，只要不是太过分，都是可以被允许的。

　　这几年的公益活动做下来，我接触到不少家长和孩子。很多孩子得知自己是抑郁症时都会松一口气，因为孩子终于为以前那种不恰当的行为找到合理化的解释了，同学关系没处理好，考的成绩不好等，是因为自己生病了。而且大家知道孩子生病了，都会有一些额外的宽容和关怀，使他能得到更好的康复支持，在这种情况下，孩子是不愿意让病好起来的。而且当孩子的病好起来以后，他将会失去以往的特权，也无法解释在病中的一些不正常行为，就很难面对，会产生新的焦虑，甚至因此就不愿意好起来。

　　抑郁症的孩子他自己是想好的，除非整个社会让他绝望了，他才会走绝路，只要给到他一点光，他就会寻着这点光爬上来。

　　有些孩子抑郁的程度也不高，但就是反反复复无法康复，这是很常见的悲观型思维模式。孩子一开始会觉得自己休学是个很明智的决定，家长支持他，孩子会觉得很好，但是，事过境迁，孩子发现自己已经没有办法回到从前，就又会产生新的心理问题。

　　我们回过头来看，在孩子成长过程中，哪一个家长不是在孩子刚出生的时候就想做世界上最好的家长？尤其是妈妈。家长不希望把自己小时候吃过的苦在孩子身上重演，殊不知，这样一来，在孩子成长过程中，家长非但没能让孩子避免这些痛苦，反而给他制造了更大的麻烦。所以需要通过学习，学会做一个 60 分的家长，处理好我们的情绪，改善我们的认知。

　　因为亲子关系存在，家长难免会放大孩子的表现，很难客观、理性地描述孩子的状况。所谓"孩子是自己的好"，这是放大优点。当孩子出现问题后，把缺点放大的也是这些家长。医生往往会在给孩子看病时把家长支开，就是为了解决这个问题。在陪伴家长的过程中，我很难听到孩子真实的情况，这就是家长过度关注的后果。俗话说"想啥来啥"，当家长关注到的只是孩子的缺点时，家长就会放大缺点；相反，当家长关注的只是优点时，家长同样也会放大优点。只有家长把关注点从孩子身上拉回到自己身上后，他们的观

察才会趋向客观。家长把情绪从孩子的场景中抽离出来，给自己留一段时间的空白，就可以平静面对一些事情，就不会过多地放大孩子的优点或者缺点，这种放大也是对孩子巨大的压力。家长保持平常心，接纳孩子的好和不好，孩子就很容易安定下来。

不是孩子所有的疼痛和哭泣都能被家长看到与听到，家长看到的是他们的固执和极端，看不到的是他们内心的伤痛，家长要呵护看到、听到的每一次。

宠物是很好的陪伴者

在人的眼里，宠物是弱小的，它的需求不会隐藏，很容易被看见，它的行为可以被准确预测，让人很放心。宠物不会评判，只会陪伴，它不会因为主人的情绪起伏而离开，这应该是比较理想的陪伴者了。

如果孩子提出要养宠物，家长应当尽量满足，让孩子有一个好的陪伴者比别的更重要。如果确实因为客观条件限制无法满足，家长就应在有利于孩子状态改善与养宠物的负面影响之间做好权衡，尽最大努力克服困难，满足孩子心愿，这要好过对孩子说上几百遍"爱"。很多家长的经历也表明，养了宠物之后，孩子情绪会相对稳定很多，与家长的交流也有明显增加。

建议选择温驯的、能与主人有一定互动的、生命周期相对较长、不会让孩子经常直面死亡的宠物，狗和猫是比较合适的。狗需要每天带到外面遛一遛，这样家长就有合理的理由叫孩子外出。相比于狗，猫会更加温驯，与人也更加亲近。至于养宠物所带来的卫生问题，一般来说只要正常打疫苗做清洁，问题应该不大。医学界有研究表明，过度讲究卫生也是抑郁症的原因之一，这个事情说起来还是一个权衡的问题。

如果确实无法接受宠物，家长要及时处理好自己的情绪，跟孩子平等协商，表明家长对孩子愿望的重视，表明不能实现他的心愿确实出于客观原因，同时最好能给孩子一个替代性解决方案，比如把宠物养在城外的亲戚家里，每周过去看望之类，不然，没有其他方案的沟通，只是家长单方面的要求，孩子只能选择不养宠物，这对关系是一种破坏。

不过，很常见的是，孩子在养了一段时间宠物后，就会把照顾的事情完全交给家长，对此家长要有预期。有些孩子会陆陆续续养很多宠物，把家里变成一个动物园，这就需要家长透过现象看到背后有哪些未被满足的需求，要多想几个为什么。

2. 信任孩子

家长要相信孩子天然具有向上向善的成长欲望。孩子的抑郁症只是这种欲望无法实现而产生的问题。而他们心中的成长目标未必会与家长的目标一致。

理解孩子的攻击力

每个孩子都有向上成长的心，对生命的感受、对身体的感受只有他自己最清楚。孩子之所以会抗拒家长的指导，是因为他在寻求一种掌控感，他想掌控自己的一切，并非因为家长的意见正确或不正确。只要孩子还在寻求掌控感，就说明他内在成长的动力还在，他的生命力在恢复中，如果孩子攻击父母，就说明他们内心的能量已经开始起来了，需要通过优越感来释放攻击力，需要释放攻击力来处理内心的冲突，简单地说就是要打败家长的控制。这是一个非常好的现象，家长应当以欣喜的态度接纳孩子的攻击力，坦然接受被孩子打败的结果。如果家长试图通过解释、对抗等方式，堵住孩子释放的出口，就很容易让孩子继续向内攻击，回到以前的状态。

孩子的攻击往往是一种防御行为，如果家长能静下心来，其实是很容易看见孩子防御的是什么样的负面情绪的。面对孩子的攻击，如果家长感觉自己受到了冒犯、伤害，那么实际上就是不认可孩子

的行为，就是评判。无论家长如何控制自己的情绪，孩子都是可以感受得到的。家长可以通过学习，不断地训练自己迅速从情绪中抽离出来的能力，处理好自己内心的冲突，家长至少要学会让自己的情绪延后表达，为理性留出时间，从而找到解决问题的方法。

离开心理学，从社会学或人类学的宏观角度来审视孩子的行为，可能更容易看清孩子攻击行为的背后逻辑。每个人在社会上都要扮演各种角色，还要经常在不同角色之间转换，试图以自己对角色的胜任来赢得观众的认可。同时每个人也是观众，都在用自己的反应来评判演员的能力。比如，对孩子学习的不期待，实际上是家长作为观众，对孩子学习的能力不认可，如果把握不好分寸，就会破坏亲子关系。

能够释放内心冲突的行为总归是好的，如吵架、哭泣等，家长要保持自己内心的平稳，尽量不要阻止孩子宣泄，不纠结对错、不评判的"躺平"是家长最好的无为。

相信相信的力量

无论孩子当下的状态好与不好，只要孩子不出现激烈的情绪波动，家长就不需要主动介入，孩子有需求时积极响应就好，即所谓"不求不应，有求必应"。

一些家长刚发现孩子生病的时候，往往有一种很灾难化的思维，觉得孩子这样了，自己有义务为孩子的将来做好安排。从潜意识层面，这些家长实际上还并不想让孩子现在就好起来，他们需要通过这种方式，让自己感觉孩子离不开他，以使自己有机会继续照顾孩子。这句话真的挺伤人的，但确实如此。这里涉及分离焦虑的问题。只有孩子没有好起来，家长才有机会继续去关心、照顾孩子，才能消除分离的可能性。所以，当孩子好起来后，家长又会主动做一些事情，使孩子回到原来的状态，这种情况很常见。要充分相信孩子对自身疾病的感知，要充分相信每个孩子都有向上生长的动力。

孩子说到底只是因为生物、心理、社会因素的综合作用而出现了严重的精神问题，或者说是精神疾病。认知虽然受损，但并不意味着认知已经无可救药。只要经过合理的治疗和心理支持，恢复并不是小概率事件，只不过需要家长成长和家庭支持环境建设，需要时间，在这些方面有非常多家长的成长经历可以作为借鉴。认知的改变虽然很困难，但可以先从简单的行为调整开始，家长可以先改变自己的行为，让孩子感受到来自家长的压力已经在逐步消退，当他确信这些已经不会逆转后，就能跟上来。

家长要始终坚信孩子的问题只是一时的表现，他只是没有按照家长的意愿成长而已，只要家庭给予他们足够的支持，孩子就能按照他自己的意愿来成长。虽然一开始步履艰难，虽然一开始成长的速度不能满足家长的期待甚至会出现倒退。当家长坚信孩子本自具足时，就能看到他自由成长的样子，孩子也会在家长的接纳下找到属于他们自己的方向，这就是相信的力量。如果信，请坚信。

接纳孩子的"不良"习惯

人类是一种社会化的生物，人际关系是维系社会化生存的基础。在关系处理中人们总是习惯于接受优点、排斥缺点，但缺点不会因为排斥就自动消失，缺点会去哪里呢？通常会进入潜意识。

孩子睡眠日夜颠倒是很正常的现象，只有进入深睡眠，大脑的功能才会得到修复，当按时睡眠与充足睡眠两者不可兼得时，合理的做法应该是先保证充足的睡眠时间，然后再来调整入睡时间。这个时候如果一定要纠正孩子的这个习惯，就会影响他进入深睡眠的阶段，很得不偿失。但家长有时会设法让孩子吃一些助眠的药物，有些家长甚至明明见到孩子都已经睡下了，还要把他叫醒吃助眠药，这就是关注过度了。

大量花钱购物是孩子用来释放焦虑、缓解内心冲突的方法，在一些特定时候，比如从自我封闭期间转向与家长开始修复关系的过

渡期，这一现象或多或少都会出现。如果家长把这种行为定义为乱花钱，就是一种不接纳。

孩子的脏乱差只是他的生活方式，这种方式不会构成对其他人的影响。把脏乱差赋予了一个不被允许的信念，而且还在不断地强化这种信念，才会导致愤怒的产生。如果认识到这一点，这些所谓缺点就是可以被允许的。当家长用新的认知去替代旧的认知时，才能从根本上消除这种不允许，才能从根本上解决这个问题，降低自己内心的冲突程度。

过度使用手机，不一定就是成瘾。用手机交朋友没问题，但交流的内容可能有问题。医院制定手机使用规则，可以对孩子执行，但家庭内部缺乏这种超然的权威，即使设定了种种规则，也还是无法对孩子执行的，还会引起冲突而导致亲子关系的破坏。在孩子出现严重心理问题的场景下，如何处理实际上只是一种权衡，在改善关系与建立规则之间的权衡。如果没有解决孩子不玩手机后能做什么的问题，控制手机往往都是弊大于利。

饮食障碍是很常见的表现，厌食是对亲密关系的依赖与排斥。孩子挑食这个事情，完完全全是被家长"培养"出来的，也属于习得性无助。家长"培养"孩子挑食习惯的方法，就是时刻关注他，一见孩子看着那些所谓"不吃的东西"，就告诉他这个东西他是不喜欢吃的。

我们换个角度去看这个问题，就会发现，很多孩子的所谓坏习惯，都是家长一点一点"培养"出来的，很多优秀的能力都是被家长一点一点破坏的，这就是习得性无助。虽然这句话真的很残酷，但事实确实如此。这个"培养"过程实际上就是一种控制，对孩子生活习惯各方面实施的控制。等孩子长大以后，自我意识觉醒了，他就会进行不计后果的反抗，家长通常会把这一阶段认为是孩子进入了叛逆期。

尊重孩子的退缩

"躺平"不是躺在家里什么事情都不做。"躺平"是让自己松弛下来，放弃挣扎，是对想象中世界对他的伤害的一种逃避的心态。不会有真正放弃自己的"躺平"，每个孩子在"躺平"期间都不太喜欢吃爸爸妈妈做的饭菜，这难道不就是一种选择吗？

孩子的这种"躺平"可以解释为一种超级自恋，他觉得世界上所有人都会与他为敌。自恋的背后就是自卑，极度自恋的背后就是极度自卑，这种对自己全能崇拜的模式就是极度自卑在行为上的一种投射。

孩子的注意力始终保持高度集中是不大可能做到的。孩子偶尔分下心是很正常的，但家长对此如临大敌，要去纠正，最终只能激发孩子内心的抵抗。家长经常会忘的是，孩子的注意力不集中是一种习得性无助，是家长用一次次打断孩子专注于做事情的方式"培养"出来的。比如，到吃饭的时候，无论孩子在做什么事情，家长往往都会习惯性地打断孩子，要他过来吃饭，这样就容易造成到吃饭点一听到外面有声音，孩子马上内心就慌了，手头上的事情做不下去了，这让孩子如何去集中注意力？家长又如何指望孩子会有集中注意力的习惯？

心理学上有一个概念叫"心流"，如果能让孩子心无旁骛做一件事情，让他有一个完整的经历，就很容易培养专注力。而家长往往喜欢以种种合理的理由来打断这个过程，孩子从小没得到专注力的培养，就很难持续进入心流状态，注意力就很难集中。当孩子在专注做一件事情的时候，打断他，无论是以什么理由，包括赞美、共情、接纳等任何正确的理由，都会导致专注力的破坏和心流的中断，大人也一样。

我们都鼓励孩子走出去拥抱大自然，却又用学习、补习班、素质教育等非自然的东西挤占了几乎所有的时间，精神如何能够不脱

离正轨？所以，孩子退缩回到从前的安全感中，是很正常的，这是对家长过度控制的对抗。

内心的不安全感还没消除之前，孩子的必然会出现反复。认识到这个规律，就可以允许孩子的反复，并在孩子出现反复之前做好预案，并不是期待这件事情发生，而是期待这件事情经过我们的处理，波动的幅度会越来越小。

3. 管控冲突

任何关系中的各方都难免会有冲突，毕竟各方的需求总会有不同程度的差异。被合理管控、有效处理的冲突是可以增进冲突双方关系的，没有必要恐惧和试图避免冲突。

冲突是一种正常的交流方式

冲突是正常的事情，小孩子只有通过打架，才能建立起群体内部的秩序，但经过大人的文明化引领后，孩子已无法通过低烈度冲突的方式建立边界意识，长大后也不容易建立规则意识。所以，我很反感某些"野生"的心理专家把冲突视为洪水猛兽进行严防死守，老是教你要绝对避免吵架，要理解、要接纳，孩子发脾气就要接得住，等等。如果家长的认知还接不住怎么办？就会把自己憋出内伤，迟早不在这里爆发，就在其他地方爆发。

我们要根据不同的场景来处理不同的关系。比如，孩子出现目前的状况，确实与家长之前对孩子的过度关心、过度担心有关，那么家长现在就要放下这些东西。有些东西从家长的角度来看是必需的，从孩子的角度来看是不是真的就那么友好？尤其是孩子还小的时候，他没有能力去处理涉及自己未来的那些重大的决策，比如是否放弃中学学历教育。家长完全放任不管，完全交给孩子去做决定，对孩子真的很友好吗？我一直不主张完全地、无条件地按照某个做法行动，无论这个做法有多么正确，只要是加上了"无条件"这三个字，都会变成教条，基本上都会出问题。

这些事情说到底，是家长对孩子的一举一动过度关注了。比如小孩子打架，这对他们来讲是很正常的确定双方关系边界的小事情，是处理关系的一种方式。当家长过度关注并介入后，家长试图把孩子的行为纳入一个符合家长认知的规范中，就会造成很多不必要的麻烦。

一个家庭里，家长要给孩子足够的支持，使孩子有足够的安全感。比如，孩子在学校闯祸了，敢不敢主动打电话让爸爸妈妈过来？如果敢打这个电话，那就说明孩子内心是有安全感的，知道爸爸妈妈会来帮他。

那些留守孩子、候鸟型孩子，往往特别懂事。其实孩子懂事，就是缺乏安全感的表现，但我们往往会把它当成一种美德去培养。孩子为什么会懂事？无非就是在看家长、大人的脸色，在讨好取悦对方。我始终觉得孩子就应该是打打闹闹的，孩子的同龄人边界感、规则感应该是在打架过程中逐步形成的。现在的社会环境，无论是学校也好，家庭也好，都在把孩子培养成为缺少童年的标准化产品，这是时代带给孩子这一代人的悲哀。

爸爸跟孩子吵架当然不好，但一定要分谁对谁错，也是没多大意义的，这也只不过是父子之间确立规则或者说边界的一种方法，只要不失控，也没什么大不了。只要不对这些事情做过度解读，爸爸和孩子就能找到自己的定位。有些东西要顺其自然，不要去过度关注，不要夸大父母对孩子行为的影响力，要学会把后果控制在可接受的范围内。多孩家庭的同胞竞争，也是这个道理，兄弟姐妹之间的吵架是很正常的。

有些事家长可能自己都忘了，甚至有可能没有发生过，但孩子始终记着。如果一定要以对与不对作为判断的依据，大概率会引发新的控制与反控制之争。没什么对与不对，只要能改善家庭关系，我觉得都是正确的。每个家庭各有各的不同，用适合自己的方法来

改善关系，才是正道。家里出了那么多问题，就是各种关系没有处理好才导致的。不要过多地去考虑这个对那个不对，让家庭的氛围一天比一天好起来就对了。

过度担心就是诅咒，最终会演变成控制与反控制。担心很难与关心分开，这个度很难把握，考验着家长的智慧。

冲突是认知的冲突

家庭成员之间的冲突，往往并不是因为某件事情的后果引起的，而是对这个后果的观点不一致引起的。比如，我们不会对打破一只碗或者大家都认为是不对的事情产生冲突，做错事的一方通常也会认错道歉。如果起冲突，往往是另一方的咄咄逼人引起愤怒。

因此，当家长与孩子遭遇冲突时，家长首先要让自己平静下来，看看有哪些认知上的冲突，然后才以合适的方式处理冲突，而不要因为愤怒而导致冲突升级。这就需要家长迅速从情绪中抽离出来，给理性发挥作用的时间。

孩子对父母的谴责是一件很有意思的事情。亲子关系紧张的时候，孩子动不动就会谩骂、指责家长，但要是孩子生气了家长却不理睬他，孩子又会大吵大闹。这个行为背后往往折射出孩子对家长的需求：家长要能解决孩子所有的问题，如果不能解决所有的问题，就不是一个合格的家长。这还是对家长的一种全能崇拜：我嫌弃你但也离不开你，因为我离不开你，所以我才可以谴责你。对于孩子的谴责、抱怨，很多家长都觉得委屈，通过学习，家长要学会透过现象看本质，看到行为背后的心理特征与需求。

家长千万不要主动挑起孩子不喜欢的话题，不要哪壶不开提哪壶，如果确实需要交流，可以用比较正式的方式进行交流，对孩子可能出现的情绪波动要心里有数，做好预案。

按照常规的做法，尽量不要惹孩子，尽量让他保持一个平稳的心态。如果家长真的忍不住，就偶尔爆发一下，哭一下，发泄一下，倾诉一下自己的感受，会发现这往往都是关系破冰的契机，接下来关系会越来越好。毕竟相对而言家长的情绪控制能力会更强一些，至少不会出现很严重的攻击性。当然，情绪失控总归不是好事，攻击性特别强的话，就会把关系破坏掉，但通过发泄，能把自己内心的冲突清理掉一部分，也挺好的，关键在于程度的控制。

认识代沟的客观存在

所谓代沟，我的理解就是在社会大背景下，人与人之间因为年龄差异而形成的认知上的不一致。

家长的任务就是给孩子留出更大的成长空间，让他能够有一片完全属于他自己的天地。当然，家长要给孩子托住底，孩子还小，没有独立生活能力的时候，家长要适当在重大决策上给予支持托举，使孩子不与社会的主流脱离得太远。如果孩子有独立见解、有自己的生活空间，家长的托底只要能保持他的基本生活就可以了。

这里就涉及人本主义流派心理学里的马斯洛需求层次理论。当今的孩子，生理层面的需求基本上已能够得到充分的满足，因此，他们对安全的需求会比家长那个时候更加强烈。而安全感建立起来很难，破坏却很容易。对孩子严格要求，不允许孩子出错，就是很常见的破坏安全感的做法。

面对孩子目前的状况，家长完全放下的可能性是不大的。通过学习，知道了应该接纳，但遇到问题总还会心神不宁。大多数家长都会觉得周围没有可以帮忙的人，有一种很无助的感觉，需要有一种虚幻的优越感来支撑自己的自信心。当一碰到事情的时候，这种优越感又会转化为一种无助，觉得自己没有办法赋予孩子正能量，没有办法解决问题。这是因为内心的焦虑没有处理好。

遇到孩子生病这么大的事情，家长一个人是扛不动的。尤其是学了一些心理学知识后，学会了应该接纳孩子、尊重孩子，一些家长更加不敢跟孩子谈。虽然说要尊重孩子的选择，要接纳孩子，要

让孩子为自己的事情做决定，但是，目前这些孩子的认知毕竟是不完全的，他们没有见过社会真正的样子，面临将会给人生带来重大影响的决策，是渴望力量支持的。但现在这些孩子的思维很容易钻牛角尖。这个时候，家长一定不能控制孩子，要他按照家长的意愿来做出决定，要跟他一起商量，把情况讲清楚，把遇到的困难如实地、原原本本地、完完全全地告诉孩子，然后共同面对。两个人的力量肯定要比一个人的力量大。如果家长不敢这样做，那么孩子就更加容易逃避。

现在是一个多元化的社会，没有高中毕业证书也可以参加高考，也可以选择不一样的生活之路。最大的问题是家长不能处理好自己的情绪。心甘情愿把内心焦虑完全放下是做不到的，能放多少算多少，这就是成长。

正确表达内心不满

有问题都很正常，当面临孩子的情况束手无策的时候，谁都会选择逃避。逃无可逃的时候，才只能去面对。跟孩子一起去面对这些事情，没有必要由家长一个人苦苦支撑。如果孩子憋着不说，家长也憋着不说，两方相互较劲，只会让事情越来越糟糕。

有时候，家长的示弱是很有用的，有些情绪跟孩子表达也没有问题，最怕的就是大家都在苦苦支撑，不能形成合力。通过学习，家长学会了与孩子说话要有技巧，要尊重孩子，让孩子为自己的前途买单。但把是不是中断学业如此重大的人生决定权完全交给这么小的孩子，他能选择的只有逃避了。他内心的力量已经不足以支撑他完成学业，家长又要把这个重大的决定交给他，孩子的无助感可想而知。那么小的一个孩子，他有足够的社会阅历、有足够的经济基础等能力与资源来支持他做出如此重大的决定吗？应该没有。

家长不妨跟孩子开诚布公地谈谈，跟他平等地沟通交流一下，看看他有什么解决问题的方式。在孩子面前示弱，甚至哭一场，这些都没有问题。但首先要把自己的内心焦虑释放掉、处理掉。

理论上是这个样子，但具体操作起来确实是要有技巧的。要找个合适的机会。往往遭遇重大事故是家庭关系出现改变的一个契机。抓住机会，在确保孩子生命安全的前提下，勇敢地跟孩子说"不"，划清边界。当然，夫妻双方要做好分工，没有必要两个人都去得罪孩子，一人做规则的制定者，另一人做好调节，可能比较合适。

虽然说与孩子交流不能是话术的机械运用，但一些基本规则是需要了解的。家长要把内容控制在表达自己的感受上，而不是表达关系上。比如，孩子与家长说话不肯休息时，家长可以表达"我很累了，现在要休息"，而不是说"今天我已经很累了，我们明天再交流"，前者只是告诉孩子一个事实，后者是需要互动才能完成的。当然，有些孩子还是不能停下来，这就要看孩子行为背后的东西了。比如，孩子是否还在试图控制家长，而家长是否因为自己能量不足而继续与孩子纠缠在一起。

家长觉得自己是在示弱，是因为觉得自己被孩子攻击了。如果家长实在感觉委屈，就不要压抑自己，可以大哭一场。但不是说哭就能解决问题，哭只是宣泄自己的情绪，表达心里的软弱和无力感，哭完后还需要补上差距。实在不行，可以与孩子以合理的方式吵个架，这更容易让家长找到合适的边界，同时家长也能通过吵架释放情绪。家长更应该学习的是如何控制住自己的情绪，学会如何合理地吵架。只表达自己的情绪，不损害孩子的自尊，不然就会相互攻击，很容易失控，这就很不友好了。

温柔而坚定适合于拒绝，发自内心真实的指责，可能要比抑制自己内心的温柔更有好处。

冷静面对孩子的情绪失控

当孩子遇到重大紧急事件如严重的校园霸凌后产生应激反应时，

家长要从事件中抽离出来，保持平稳的心态，做好倾听、安抚。如果应激状态持续很长一段时间，比如一个月，无法通过安抚来解决，那就要进行一些专业处理。一个月之内出现的所有过激反应都是正常的，让情绪先飞一会儿，不要去激化它，否则会导致状态趋向恶化。家长要学会"躺平"，让自己具有松弛感，不要孩子出现一点点问题心里就马上慌乱，想去做点事情。这个时候，更重要的事情是去观察，孩子到底出现了什么问题，情绪波动的背后到底有哪些需求，不要急于行动，否则会把这件事情越搞越复杂。

我们难免会做一些心不甘、情不愿的事，这种内外冲突必然需要一个释放的情绪出口，骂人只不过是其中的一个出口而已。用精神分析的理论来讲，骂人就是本我跟超我之间的冲突。

每个人都有过自我伤害，无非就是程度不同而已，如喝酒、抽烟等。非自杀性自伤在重度抑郁、焦虑的孩子身上是很常见的，孩子是在用自伤的方式来释放情绪，家长要允许孩子这种行为，凡是允许，终将消亡。如果不允许，孩子还会把这种行为叠加上对抗家长控制的目的，让事情更加复杂。如果这种行为被允许，孩子就不需要消耗能量去处理来自家长的压力，就可以专心处理好自己的内心冲突。

没有一个人是完美的，这个世界上没有一个正常的人能把所有的事情都按照正确的方式去完成。把所有事情区分为正确的或不正确的，这本身就是一个最大的不正确。每件事情的发生都有一定的规律存在，都有其合理性。如果你允许了，孩子就会考虑这件事情到底该不该按照原来的状态持续下去。用刀划手，他自己也知道这是不对的，只不过他无法控制自己的冲动。

孩子处于易激惹的状态，只要他跟家长的关系没出问题，只要警察不管百姓不骂，就可以随便他去折腾。家长要做的是不要去激化这种反应，换句话说，在这个时候基本上不需要进行心理干预，做好安抚就行。

　　自己的孩子会不会做出伤天害理的事情，家长其实心里是有数的。如果不允许孩子折腾，或者孩子一折腾家长内心就充满焦虑，那么这对孩子来说是很不友好的。

　　当然，孩子情绪激烈爆发毕竟是一件破坏性事件，家长要做好的是接纳与托底，而不是去堵住释放情绪的通道。要看爆发的强度如何、目的是什么、能不能用另外一种方式释放，等等，然后做好应对的准备，顺其自然。

三、相互成就

能够根据孩子不同的成长阶段和当下的场景，采取合适的方法推动孩子状态的改善，基本上是家长学习心理学的最初动机。支撑家长的是希望家庭、孩子走出危机的强烈愿望。这是一个家长和孩子共同成长的过程，家长和孩子都能从对方的身上看见自己并成就自己。

1. 内心冲突期的陪伴

当家长突然发现孩子真的出现了严重的心理障碍，不得不退出正常的社会生活时，家庭就像一辆急驶中的汽车被紧急踩了刹车，这往往是亲子关系突然恶化的时刻。孩子通常都会出现一段时间的自我封闭，此时家长要做的是承受攻击，改善夫妻关系，学习成长。

允许孩子以自己的方式修复自己

当孩子突然从以往的痛苦挣扎中完全退下来，不得不接受自己出现了严重心理问题时，他需要有一个合理化的过程，以控制自己的内心冲突，来完成这个痛苦的角色转换。此时，攻击自己和家长是最常见的做法。我把这个阶段称为内心冲突期，完全脱离正常的社会功能是这个时期孩子的主要行为特点。

孩子心理问题的暴露通常都是以完全脱离正常的生活开始的，如休学、辞职、不能出门社交等，日夜颠倒、饮食不正常、无节制玩手机、与家长几乎无交流，甚至有一些比较极端的做法，这些都是这一阶段孩子常见的现象。

这个阶段通常是孩子内心冲突最为激烈的时候，家长也往往感到猝不及防，不能迅速适应孩子的这种状态，整个家庭系统会出现一段时间的混乱。当孩子开始休学时，他没有独立生存的能力，虽然家的氛围并不适合疗愈，但他无处可去，也无法面对邻居等人的目光，孩子通常会以封闭自己为防御手段，把家庭问题归因于家长，把自己关在房间里不出来。面对想象中的社会的压力，孩子将之反复合理化而纠结，只能回到一种不知道该干什么的退行、木僵状态。此时，游戏提供了一种结构化的虚拟空间，为孩子提供了一种新的安全感，可以从中获得新的身份与认同，从游戏的虚拟世界中吸纳属于自己的能量，艰难地生存着。

家长要明白，休学就是休养，彻底疗养，如果休学回家是为了学习，在学校不是更好？在学校学习的难度一定小于在家学习的难度，也就没必要休学了。这个时候，要允许孩子暂时完全放弃学习，允许、认同孩子任何为自己的行为寻找出来的合理化理由，与孩子结成同盟，这将有助于减少孩子内心的冲突。不过，现实中，此时家长对孩子的突然休学是准备不足的，还是会按以往的习惯来指导、帮助孩子，出现冲突也难免。家长的学习成长对于孩子休学的影响程度具有特别重要的意义。

这个时候，家长最应该做的是要完全改变以往的行为习惯，给孩子一个完全放松下来的家庭环境，以违背家长以往行为模式的方式为孩子提供一个安全、安心的环境，是这个时候所必需的，不要把行为的合理性作为对孩子的评判标准。只要不危及生命安全，家长完全允许孩子做任何他自己想做的事情，是这个时候对孩子最好的帮助。任何能让家庭尽快平稳下来的做法，都是好的方法，此时真没必要纠结于对不对、合不合理，家长自己的内心冲突自己去处理。至于家长要如何做，很多公益、非公益的组织都有一些行之有效的方法。

孩子行为背后的逻辑

孩子这个时期的行为看似混乱，但背后的逻辑还是清晰的，这里我试着做一些诠释。

与家长的激烈对抗。孩子出现严重心理问题并被家长发现，往往都是已经到了不得不从正常的学习状态中退下来的程度。此时，孩子需要为自己的行为寻求一个合理的理由。与学校老师、同学的人际关系问题自然会被放大，但孩子更多会把愤怒宣泄到家长身上，有人将这一阶段称为仇亲阶段。其实哪里会有什么仇亲，孩子对家长的爱是天然存在的，只不过在这种特定的场景下反向表达了，它并不表明孩子会仇恨亲人，只不过是孩子对自己行为的合理化过程，孩子通过对抗释放内心的攻击力。当孩子发现攻击父母的行为并没有引发冲突，相反父母还能够接纳时，哪怕家长只是从原来的行为习惯上后退一点点，孩子也会感到放松，从而完成攻击力的释放。

无节制玩手机。即使在孩子的心理问题没有爆发前，玩手机也已经是容易引起冲突的点。问题爆发后，家长更容易对玩手机产生莫名的不满或者愤怒。在孩子自我封闭阶段，手机可能是他与外界保持交流的主要甚至是唯一的渠道，游戏可能是他这个时候唯一还有掌控感和成就感的事情。虽然无节制玩手机确实影响健康，但在当下特定场景下，这可能是孩子唯一能自主掌控和疗愈自己的方法，家长应当权衡利弊，万万不可固着于以往的信念。一些孩子当时没有办法停止胡思乱想，只能通过游戏这种简单、无须思考的东西来麻木自己。再说，孩子躺在家里，除了玩手机，还能做什么？简单地说，此时家长不宜对孩子玩手机的行为进行评价，更不应该阻止。

睡眠日夜颠倒。在这个阶段，甚至到孩子康复后，孩子都会持续这种不能按正常作息时间睡眠的日夜颠倒行为。一方面是由于疾病的影响。抑郁症本来就有晨重夜轻的特点，早上起不了床是很正常的病情表现。另一方面，由于脱离了正常的社会功能，白天其他人都能正常地学习、工作，孩子难免会有一些失落感，而晚上对孩子来说相对有一种掌控感，这也是孩子还有能量的表现。对此，家长无须关注，更不要试图纠正这种所谓不良习惯。当睡眠规律与睡眠质量不可兼得的时候，孰轻孰重相信家长都有自己的答案。

饮食不正常且量少。无食欲是疾病的表现，家长完全不需要担心，只要在家里准备一些方便食品，孩子饿了就会自己找吃的。这个时候很多孩子不愿意跟家里人一起吃饭，家长在每天正常吃饭的时候叫一下孩子，叫一次就行，完全尊重孩子的意愿，不提任何建议，让孩子完全放下对家长的对抗。如果孩子不愿意吃家里的食物，要叫外卖，家长要做权衡，综合考虑亲子关系改善与经济压力等方面的因素进行决策，拒绝前要评估孩子的冲突程度。这时需要注意的是，家长同意与不同意都切不可解释，解释就是一种建议、评判，是家长内心不够坚定的表现。

这些只是我的解读。这个阶段家长要做到觉察孩子背后的需求是很难的，这也是一些平台强调家长需要对他们的观点听话照做的原因，虽然他们推荐的某些做法可能有这样那样的问题，但在这个特定的场景下，这些行之有效的办法能够让孩子的情绪、家庭的状态尽快平稳下来，是很有益的。

家长的应对

等最初的混乱结束，家长就要开始做一些有利于孩子情绪稳定、有利于改善亲子关系的事情。

守住内心。这个时候，要家长做到不担心、不期待，是完全不可能的。如果家长真的不去纠结这个事情，他就根本不会去想。如果还在想"我应该这样，不应该那样"，那就说明家长其实一直在否定自己内心的执念，这就是内外冲突。

要把对孩子的担心收回来，控制自己，守住边界，不激惹孩子，给孩子充分的自由。这个边界就是内疚感与牺牲感的平衡，给孩子一个合理的边界，支持孩子对自己的问题拥有自主决策权，同时不

给自己增加愧疚感。家长应该通过自我成长来增加孩子的安全感，而不是试图帮助孩子尽快走出来。虽然目标相同，但在不同的场景下，策略上要有明显不同，家长此刻的一点小改变，就能更好地带动孩子。

划定底线。需要明确双方共同遵守的底线，底线一定要明确，且事先划定，这个时候孩子会通过一次次碰撞来测试家长的底线，如果家长不能很好地守住边界，经常迁就孩子，就不但会回到以前的无序，还会破坏与孩子的关系。虽然严格说起来这属于父母控制或攻击行为，但因为界限明晰，在孩子激烈攻击父母的背景下，应该还容易控制在合理程度内。一个人的权利和自由应该以他人的权利和自由作为边界，还是那句话，警察不管、老百姓不骂，就是被允许的。不能因为孩子可能会犯错，就剥夺他犯错的权利。家长之间可以进行适当分工，一个人作为规则的制定者和执行者，另一个人在中间根据情况做适当的调整。

掌握节奏。这个时候慢就是快，宁可慢些，防止调整过快给孩子造成无所适从的困惑。需要特别注意的是，这个时候通常家长在分寸的把握上还没有达到恰当的程度。规则不是教条，转变过快容易翻车。当孩子发现对家长的攻击行为只要不触碰底线，就不会引起以往的冲突时，他就会放松下来，在自己的世界里休息，重新积累安全感。

不能指望家长和孩子的关系边界一次修复到位，这种理想化的情形只能在想象中出现。家长少主动作为、多消极应对，即不求不应、有求必应，才是合适的做法。每个家庭情况不同，应该遵守的是原则，而不是教条。

全然放下或许只是情感隔离

很多家长经过一段时间学习后，会觉得自己已经全然放下了对孩子的担心，已经能够完全爱自己。但这很可能只是自我防御机制在发挥作用，对自己与孩子当下的情形进行了情感隔离。

真正放下的前提是处理好自己的内心冲突，而内心冲突的平复并不是任何短期的、外来的指导或顿悟能够达成的，需要有一个较长周期的"修行"，家长才能在某一句话、某一件事的触动下"开悟"，这种"开悟"是在认知层面，是在潜意识层面，需要知识积累，更需要阅历、能量的支撑，要转化为行动还有一段路要走。有个家长说自己经过学习后，突然领悟到了无条件的爱，于是就放下了，为孩子准备好保险、房产等，允许孩子不上学。其实，一个"允许"就已出卖了这位家长的内心冲突。

世上没有无缘无故的爱，也没有无缘无故的恨。任何爱都是有条件的，爱孩子是以孩子的健康成长为前提的，当然，如果真的是以孩子自己的成长为前提，或许无条件的意味会更浓一些，但往往这种成长需要符合家长的意愿，所以才会多了许多期待、安排。为孩子安排好未来的生活，这无可厚非，也是家长应尽的义务，但以这种安排来接纳孩子放弃学历教育的现实，实际上还是对孩子信任感、胜任感不足的投射，是担心他未来无法独立生活，是在试图放弃培养孩子独立生活能力的责任。

情感隔离也不是什么坏事，在内心冲突还没有处理好之前，这种防御有助于家长从当前纷乱的场景中抽离出来，留出时间和空间来完成自我的心灵成长。只不过家长要能看见这件事情背后真实的一面，不要因为这种自我催眠信以为真，停止成长。每天提醒自己要快乐、要无条件爱孩子，甚至反复追问自己是否真的爱孩子，这些做法实际上就是典型的PUA，自己会在这种自我催眠中失去独立判断能力。

从实践来看，在孩子还处于这个阶段时，全然放下往往是家长的自我安慰。等到孩子的基本社会功能已经开始恢复，家长自己也度过了内心的波澜起伏后，家长才有可能在厚积薄发中突然开悟。

2. 关系修复期的陪伴

当家庭关系出现缓和时，孩子偶尔会从封闭的房间里走出来，与家长的交流也会多起来，这个时候是修复家庭内部关系的窗口期，也是家长接受最大考验的时期。家长要学会从被迫接受到主动接纳，从放下控制到放下期待，从焦虑不安到良性陪伴，目标是重塑良好的亲子关系，托举、允许，做到不求不应、有求必应、嬉皮笑脸、没心没肺。

关系修复期孩子的行为特点

经过自我修复后，孩子不再需要通过释放攻击力为自己的情绪找到宣泄出口，而家长经过上一阶段的惊心动魄后，一般也能够在一定程度上合理应对与孩子的冲突，此时家长需要与孩子共同寻找合理的边界。其间会有反复、冲突，但总体而言，冲突的频度、烈度会逐步降低。通过一次次碰撞来找到合理的边界，就是家长与孩子双方在牺牲感和愧疚感之间找到合适的位置，让这两种负面情绪同时降到最低。

这个时期最大的改善是孩子与父母开始相互靠近，孩子能够打开封闭的房门，与家长会有一些简单的对话，但他的情绪仍很容易波动，心理问题带来的影响还没到降到合理的程度，他对家长的信任感还很低，需要有一个相互适应的过程。此刻家长通常很想与孩子多交流，但又会小心翼翼地避免与孩子发生冲突。家长如果没有处理好自己的内心冲突，就很容易产生新的期待。

无节制花钱是这一时期孩子比较常见的行为，孩子会通过无节制购物等来释放情绪，如买东西就要买全套，东西买来后就不再用。如果家长过于拘泥于以前的某些原则，对孩子的释放情绪行为进行限制，就会让亲子关系的修复更加困难，但无条件满足又会使孩子的内心冲突被强化而更容易情绪波动，毕竟靠花钱只能缓解情绪而不能解决问题。这就需要家长设定好底线，接纳孩子，可以考虑暂时以金钱换时间，在可能的情况下尽量满足孩子。

这个时候孩子还容易出现强迫症状、强迫思维，会抛出一个问题后无穷无尽追问答案。这些问题往往涉及哲学、人生意义，都是很宽泛的形而上学的东西，让许多家长很难招架。这种情况表明孩子的认知开始调整，但还没有感觉到人生的意义，这个时候家长与其给答案，还不如陪孩子一起探索答案，或者直接告诉孩子自己的认知还没有达到他的高度，只能谈谈自己的经验和体会，放低自己，给孩子优越感。

孩子的情绪起伏在这一阶段是不可避免的，但波动的频度、强度较前阶段会有明显减轻，家长要继续保持稳定，陪伴好孩子，做好倾听接纳，同时要留意记录情绪起伏的时间、特点，从中总结出一些规律性的东西，今后可以提前做好应对准备。记录也是家长让自己平静的方法。

不行动的智慧

当不再把孩子好起来当作目标，专注于当下的一点一滴时，成长或者不成长，都被允许了，包括自己的焦虑也是被允许的。这才是真正从潜意识层面让孩子好起来。潜意识被看见，被意识化，就不会在关键时刻出来捣乱了。多么想做正确的事，内心的抵抗就会有多强。只有允许自己做不到，才能真正把事情做正确。

都说担心是诅咒，其实担心本身不是什么问题，而过度担心会驱使你想做些什么来消除这种担心，但往往会事与愿违，这才是担心是诅咒的含义。家长须要看见的是孩子的努力，而不是孩子的痛苦。痛苦就在那里，不须要说出来提醒孩子。经常有家长问我，这个事情能不能做、那个事情该不该做。事情不是问题，过度担心才是问题。

有"大咖"建议家长要向孩子示弱，示弱后求孩子指导自己，然后对孩子由衷表达喜悦，这实际上就是通过示弱帮助孩子获得优

越感，把内在的攻击力向外释放，是非常有益、伤害很小的做法，很值得学习。但也不要瞎折腾，这个分寸如果把握不好就会是一种套路，成为关系的破坏者。最重要的是真诚，真诚、谨慎地小步前行，找到孩子的长处和自己的真弱点、真事情，不要为了实施这个方法而虚构出一个弱点来。自己要能接得住孩子优越感的攻击。所谓接纳孩子，关键并不在于孩子的行为能不能被接纳，而是能否消除觉得自己的关心、照顾没有得到回报而感到优越感被冒犯的感觉。

很多"大咖"都向家长灌输要努力学习、积极行动，要多做有利于孩子成长的事情，坚决反对消极和"躺平"，但问题是，他们提供的有利于孩子成长的事情就是"不求不应，有求必应""因上努力，果上随缘""放下期待，静待花开"，这些不就是消极、"躺平"的做法吗？当然，并不是什么场景下家长都要"躺平"，"躺平"只适合改善亲子关系方面。如果把场景扩大到整个人生，就可以看到这原本就是不合理认知的一种表现。

很多家长经常会问："发现了孩子的种种不良习惯后，我应该如何引导？"此时，家长最应该学会的是如何不引导。即使要引导，也只需要引导自己内心里的不接纳。有些家长会引导孩子，说我看见了你的焦虑、我知道你现在很痛苦，这个方法没有错，但它会不会潜在地提醒孩子，你现在应该焦虑、应该痛苦？家长要学会区分问题、错误、情绪，不要提醒孩子的错误，要去解决孩子的问题。所谓不良习惯是家长认为的错误，不是问题；焦虑痛苦是情绪，不用替孩子去释放。

当孩子拿着考了95分的试卷回家时，老师看到的是那失去的5分，这是他的工作职责，没有任何问题，因为压力能够让孩子进步。家长也只看到那5分，却对95分选择性忽视，岂不是抢了老师的活吗？家长很容易把关注焦点放在失去的东西上，比如这个5分，而忘了95分才是他的成绩。学习做好家长，而不是做个好家长，做到这一点恐怕有困难，毕竟自己就是这么从原生家庭中过来的。无须焦虑，看见了自己的不足，就是踏上了心灵成长的路，剩下的就是方法层面的事情，这方面社会上有很多课程提供给家长学习。

接住孩子的攻击

当孩子承受不了压力时，他就会往外释放，并把自己的状态归因于父母和学校，这是很常见的，和现在流行的家长把责任归结于原生家庭，性质是一样的，无非就是程度不同而已。

家长要看到孩子行为背后的东西，认识孩子的目的是什么。无论如何，把内心冲突向外释放总要好过向内攻击，攻击家长好过攻击其他人。认识到这一点，家长是否会觉得孩子的攻击是可以接受的？这就是所谓看见背后的原因。

认识到孩子的攻击只是在释放自己的内心冲突，就不要采取措施来阻止这一进程，让孩子充分释放。释放的方式通常有哭泣、倾诉、狂暴行为等。孩子在哭泣时，不要试图递纸巾为孩子擦泪，大不了衣服哭脏了多洗一次，总比不让孩子释放来得好。孩子有倾诉愿望时要充分满足，家长只需用心倾听，不解释，不安慰，更不能给答案，这个时候的道歉，往往是对孩子倾诉行为的不允许。家长可以拥抱一下孩子，可以顺着孩子的观点接几句，但也不要许诺自己不能接受的事情，总之，不打断孩子，不做话题终结者。

孩子的情绪变化会有相对固定的周期，家长一定要用心观察，掌握孩子病情发展规律，了解基本医学知识，用心体会孩子情绪的变化规律，在由郁转躁或由躁转郁的时间节点到来前做好准备，也就是在孩子将要出现转相时，准备好应对措施。若认识不到这一点，就容易把孩子从躁转郁视为复发，把情绪的正常波动当作病情的起伏，从郁转躁时又会认为这是孩子病情好转了，开始按捺不住蠢蠢欲动的心，甚至开始质疑医生的诊断，最终只会导致孩子疾病的反复迁延，这在孩子复学阶段表现得尤为明显。

此外，春秋季是孩子的情绪容易起伏的季节，如果在这个时候

又叠加了一些负性事件，那么情绪波动就会是大概率事件。一般来说，女孩子的生理期也是情绪极易波动的时间点。无论孩子是否在校学习，在比较大的考试前，如期中期末考、中考、高考等，孩子出现焦虑在所难免。如果孩子休学在家，即使考试已结束，这种情绪波动也会持续一段时间，毕竟真正彻底放弃自己的孩子极少，内心的成长意愿还是会让他因为同学的考试而情绪波动。家长对此要有所准备，提前做好心理支持，做好疏导，尽量不去激惹孩子，以免引发激烈冲突。

对于狂暴动作，家长要理性对待。孩子动手打人是必须予以制止的，这是规则底线的问题。如果孩子在摔东西，那就要看摔的是什么，不是贵重物品的话，可以让孩子摔一下，很贵重的物品则要制止，这不是对与错的问题，而是权衡的问题，在有利于孩子身心健康与损失承受能力之间进行平衡。实际上，孩子一旦狂怒起来，家长通常都是很难制止的，这也是孩子双相的一个佐证，单纯抑郁的孩子很少会有这些激越行为。

孩子度过内心冲突期需要时间，时间的长短在于家长接纳的程度。长期以来，家长的不合理信念导致孩子对亲密关系产生恐惧。家长致力于改善亲子关系，孩子就能放下恐惧，回归到正常的成长路径中。家长的成长在这一时期非常重要，如果家长没有处理好自己的问题，孩子就容易退缩回去。

家长需要学习的要点

学习是一个过程，成功不可能一步到位，也没有一个人生下来就会学习。在不断修正中成长，摇摇摆摆很正常，进三退二，甚至进三退四都是合理的。不过很多家长来学习，并不是来做选择找答案的，而是来寻求对自己选择的理解、对答案的认同。

学习交流的方法。交流是让对方了解自己的想法，双方相互认同就是目的。沟通是为了解决问题，了解孩子遇到什么问题，这个问题与他提出来的要求之间有什么逻辑关系，反映的是怎样的心理状态。沟通之后抽离出来，用一个或一组心理学的概念去客观、准确地描述这件事情，不去评判。如果我们看不见，就先停下来，不要急着给出结论。如果这些都不会，就容易被对方牵着鼻子走。

先解决情绪问题，再来针对问题本身进行讨论。首先要去还原、澄清事实，即在当时什么场景下发生了什么事情，时间轴尽量往前移，越往前移，获得细节就越多，就越容易形成准确的判断。当然，家长不可能问太多事情，问多了孩子就烦。当孩子陷入情绪中时，家长要能够从中抽离出来，引导孩子把思维放到某个很具体的事件上进行讨论，如这件事是如何发生的、产生了什么结果等，这样才能避免与孩子发生冲突。

停止对未来的恐慌。孩子即使不能完成正常的学历教育，也会有合适的人生道路，但最大的问题是家长很难处理好自己的情绪，把内心的焦虑放下来。完全放空自己做不到，那就能放多少算多少，学习就是为了做到这个。家长内心安定，孩子就能安定下来。

家长把以前的事情想多了，就容易产生愧疚，容易让自己的能量流失。家长进步的速度就是孩子成长的速度之类的话，只能给家长制造焦虑。家长被孩子的事情折磨，自己的能量就已经很微弱了，还要用这个观点给家长再戴上一个"孩子没有成长是因为家长没有成长"的帽子，只能让事情变得更糟糕。家长以前无论做了什么都不重要，那些都已经过去了，我们只要活在当下，直面现实。

提高医疗的依从性。一定要找适合自己的医生，家长要进行权衡，毕竟治疗是一个漫长的过程，不能凭短期的疗效来判断医生是否适合，这也是家庭支持环境建设中很重要的对医疗的依从性建设的主要内容。但如果治疗的时间过长且没效果，孩子的自尊心就会在反反复复中逐渐消耗，病耻感会增加，而家长也很难控制自己的焦虑。

家长想好该怎么办，然后跟孩子商量，找一个好的办法。可以

寻求一些外部的资源让自己内心的信念坚定起来，不纠结以往，不纠结自己的成长速度，不因为别人的成功而让自己产生焦虑。想以前没用，想以后也没用。看准孩子当下的问题是什么，先解决主要问题，再解决其他问题。这个世界上不会有一种理论能放诸四海而皆准，完全地、无条件地、心甘情愿地放下，这需要家长具有超越凡人的智慧。如果能够把握好关系，理解了攻击行为，看到了潜意识，那么家长就都可以找到适合自己的方法。

3. 功能恢复期的陪伴

当家庭已处于比较正常的状态下时，家长就会面临如何恢复孩子正常的社会功能的问题。什么是正常的社会功能，孩子的理解与家长的理解往往不在同一个点上，处置不当很容易让孩子回到以前的状态。

目标是恢复社会功能

当孩子已经初步走出来后，康复的目标应该是维护、修复、恢复正常的社会功能，家长首先要尽可能维护，再是尽量去修复，努力为孩子恢复正常的社会功能创造良好的环境。

别人的成功经验不是指引我们走向成功的可靠向导，它们能够有效提高成功的概率，但并不等于就能够帮助达成目标，自己的经验再重复一次，也未必还有同样的效果。要权衡轻重缓急，根据当时当下的场景设定合理的目标，努力负重前行。不能用自己的旧地图，让孩子找到他的新大陆。

世界上没有可以直达天堂的电梯，理想可以很完美，可以引领我们走向更远的地方，但现实需要我们脚踏实地一步一个脚印走出来。孩子的病用科学就能解决，在地球上就能治好，无须靠吸收宇宙能量等幻觉的东西来引领孩子走出来。这个阶段的家长是需要具有一定智慧的，不能把这种事情完全交给认知受过损害的孩子去做主，要在关键时刻给予有效的引导，但这种引导一定是基于某种期待，要能够合理兼顾放下期待与引导效果的平衡。

家长要有意识地去引导孩子建立各种社会关系链接，但一定要在亲子关系改善的基础上去引导，而不是试图带领他。至于孩子要花很多钱去参加什么培训之类，孩子其实是在看家长是否愿意无条件支持他，这也是一个权衡的问题，家长要在孩子走出家庭与经济负担之间做出抉择。只要经济状况允许，家长都要尽可能鼓励、支持孩子主动在家庭之外建立新的关系。能出去就好，至于能不能坚持下来，无须抱有期待。拒绝孩子的要求不是不可以，但要与孩子平等协商，不要预设前提，建议家长不要基于经济以外的因素来做决定，只向孩子客观陈述家庭经济状况，千万不要以孩子坚持学习或以孩子达成某种效果为条件。在孩子自身能量还不充盈的前提下，坚持到底的可能性是不大的，这样只会加重孩子的愧疚感。

每个家庭的情况都不一样，很难有一个通行的方法达成孩子恢复社会功能的目标，只能摸着石头过河，一个问题一个问题地去解决。其中家长最无能为力的就是同龄人归属感的问题。孩子追星有助于建立同龄人接纳感，值得鼓励，至少在那段时间里他会很开心。家长要相信孩子能把握好度。当然家长也要把费用等控制在一个合理的范围内，只不过家长的标准跟孩子的标准肯定不一样，权衡一下孩子的开心与经济压力孰轻孰重，再来做抉择。这个力度确实很难把握，孩子往往还会浪费大量的钱，给家庭带来一定压力。我所陪伴的家长基本上都有过这种经历，但把钱花在孩子回到社会的努力上，总是有价值的。

为孩子创造宽松的环境

很少见到完全丧失学习意愿的孩子，也不会有完全"躺平"的孩子，孩子至少对外卖还会纠结什么口味。真正的完全躺平是进入医学上的木僵状态，这就需要通过医院来解决了。孩子有没有意愿，

要看他愿不愿意为此付出成本。

此时，家长应该放下焦虑，守住边界，务必要充分尊重孩子自己的复学意愿：你愿意去复学，我支持你；你不愿意去复学，我也很平静地接受这个事实。只有这样才能给予孩子能量。如果家长处于持续焦虑状态，孩子的复学意愿就会更弱。如果孩子的复学意愿很强烈，而且通过家庭氛围的调整，孩子的能量已有明显增长，那么是可以考虑复学的。不过，经常会出现孩子自己想去复学，但他们的身体状况使他们对学校生活感到深深的恐惧的情况，这个时候，家长要守住边界，尊重孩子，做好陪伴。

这个时期对家长来说可能是耐心与"钱包"的双重考验。孩子的动力有点恢复了，就会对未来产生很多想法，虽然这些在家长看来可能有点不切实际，但也要给予充分支持，不然，很容易让孩子退缩回去。但孩子的想法往往只停留在开始阶段，很难持续下去，常见的是孩子要报名参加补习班，还喜欢找好的学校，但报了名后孩子就没有什么复学的意愿了。如果家长不能保持平静的心态，就会给孩子带去压力。这个过程的持续时间与家长的心态稳定程度正相关，家长心态越稳定，孩子就能越快走出来。

这一阶段也往往与孩子通过购物来释放内心冲突的时期重叠，或许孩子的补习也只是一种购物行为。家长还是要回到改善亲子关系上，多做有利于改善关系的事。对耐心的考验只能自己处理，至于钱包的压力，只能在权衡利弊的基础上做抉择。

复学是孩子自己的事情，家长要充分尊重孩子的意愿，让孩子自己想一想，再去考虑上学的事情。孩子主动提出复学，需要家长支持的时候，家长才参与进来，立即行动。

螺旋上升

成长的过程不可能是一帆风顺、一劳永逸的，必然会出现反复。永远不要指望孩子的康复、成长道路能够一马平川、畅行无阻，出现波动是大概率事件，退行很正常，复发的可能性也是存在的。这一阶段家长最重要的是继续保持平常心，关系为先，多做有利于改善关系的事情，以自己的安定给予孩子可靠的依托，让波动的幅度、频度越来越低。

这个时候，孩子经常会出现的状态是有意愿但缺力量。相比前两个阶段的不动，现在孩子愿意做一些有利于改善自身状态的行动，但由于内在的能量还没有跟上来，孩子比较容易出现很难坚持下去的情况。这个时候，家长因为看到了成功的曙光，期待也油然而生，情绪很容易被带着走，随着孩子的行动而起伏。这个时候，家长需要不断提醒自己，当内心出现冲突时，要迅速从场景中抽离出来，学会并运用从自己的卡点中找原因的技巧，让自己平静下来。有一个稳定的工作和属于自己的爱好，有利于家长的自我觉察。

这个阶段的孩子对负面新闻会比较敏感，喜欢抨击社会的黑暗面，可能还会有一些有相似经历的同龄人圈子。孩子不可能生活在完全无菌的世界里，难免会看到一些负面的新闻、接触到病友等。孩子还没有康复时，看问题是比较消极的，家长用平常心对待就好。家长可以多通过自己的行为，让孩子看到正面的事物是什么样子的，行不言之教。任何试图纠正孩子不合理信念、认知的做法，恐怕都不会获得预期的结果，更有可能事与愿违。

对于家长来说，最重要的是真正认识并接纳自己的平凡，而不是去学习那些虚头巴脑的东西。要学会接纳自己的不成功，给孩子一个榜样。孩子之所以会出现反复，是因为这个阶段最容易出现孩子无法面对现在的自己与以往的自己之间的巨大落差。家长对自己的失误耿耿于怀，动不动就反思、道歉，又如何能让孩子放下？不适当的表扬和道歉都很有可能会变成一种攻击，尤其是以对自己攻击的方式来表达歉意，这个就更麻烦了。

不要完全以孩子的目标为目标

在陪伴孩子的过程中，家长要学会区分孩子的情绪与需求，学会分清是谁的事情。让孩子掌控自己的事情，这个原则毫无疑问是对的。孩子出现严重心理问题，没有区分孩子的事情和家长的事情，是很重要的原因之一。

任何原则都有其特定的应用场景，这个也不会例外。对于一个没有见过真实世界、认知受损还在恢复阶段的孩子，把所有事情完全交给他自己决定，家长是在放弃教育孩子的义务。当然，如何把握好引导与建议的分寸，是家长需要学习的很重要的点。在不能合理把握的时候，宁可退下来也不寻求主动，是合理的做法，但不能因此把特定场景下的合理做法扩大到所有场景。一些家长会把孩子考学失败后的悲观决定当作孩子的目标，比如退学。这个时候家长要学会分析，看到孩子行为背后的东西，不然，真的帮孩子实现了他们自己提出的退学目标后，又会迎来新的问题，比如孩子的自我放弃。

有些"大咖"会很积极地通过一些孩子放弃学业后康复的例子，给家长提供榜样，引导家长放下对孩子完成学历教育的执念。这的确有利于孩子康复，是有益的。但这也容易给那些刚开始学习，还不具有分辨能力的家长和认知受损的孩子一个不合理的信念，使得他们在可以再努力一下的时候选择了放弃。中止学校教育并不意味着结束了学习，人生道路不止一种模式，只不过，对于还没真正走进社会的孩子，没有系统完成学历教育，人生道路会坎坷很多，是一个不争的事实。事过境迁，这些家长内心会不会有一丝后悔，后悔当初在关键时刻没有拉孩子一把呢？人生能有几个关键时刻？

这个阶段孩子会有很多想法，在家庭经济条件允许的前提下，家长应当多鼓励、多支持孩子尝试各种可能，不要以自己的价值判断来限制孩子的尝试。只要不突破法律和社会道德的底线，除经济条件之外的其他因素，都不宜成为阻止孩子尝试的理由。人生这个时期的试错成本可能是这辈子最低的，但家长不能从一个极端走向另一个极端，不能从以前的包办一切变成现在的把一切交给孩子，不能完全放任孩子，而要学会合理引导，必要时要坚定而轻轻地推孩子一把。比如孩子不想上学的时候，可能家长坚定地推一把，孩子就去了。这个分寸的把握需要依靠家长的智慧和家庭氛围的改善，更需要依靠良好的亲子关系。还是那句话，家长要首先考虑维护好亲子关系，如果条件不具备，或者不能确认条件是否具备，宁可先不"推"，切不可急于改变孩子。

四、努力促成复学

复学应该而且必须是孩子的复学，一切都要以孩子的情况为前提。孩子的健康是首位的，家长的任何决定都不能无视孩子当时的心理健康程度。在了解孩子情况的前提下才能考虑如何行动。

1. 认识孩子复学的意义

复学的意义在于守护孩子内心向上的愿望。复学不难，只要做好一些基本的家庭支持，就可以实现，但成功复学很难，须要调动各方面的因素。

恢复社会功能才是复学的意义

休学对孩子是有积极意义的。休学逃避的不是学习，学习的累是不会压垮孩子的。孩子不怕累，怕的是别人看不到他的累；不怕成绩起伏，怕的是别人看他成绩的眼神；不怕压力，怕的是压力没有底线。他离开的是张弛无度的状况，离开成绩起伏不被家长、老师允许的处境，离开来自家庭和学校腹背受敌的状况。休学后孩子获得的不是轻松，而是不断叠加的恐惧，是无奈加认命式的无望。

学习危机其实是家庭危机在孩子身上的显现。休学给了家长看清家庭问题的契机，家庭问题解决了，孩子学习的问题自然也就迎刃而解。虽然人生之路不止一条，但偏离了社会主流的道路会艰难很多，而孩子囿于与年龄相适应的认知程度，并不能很好地认识到这一点，甚至会夸大事实来将自己的休学行为合理化，家长要认清这一点，不能完全以孩子的意愿为目标，要权衡利弊，用合适的力度推一把。

复学也好，放弃学历教育也好，目的都是康复。学历教育是人生的起点，虽然很重要，但不是人生唯一正确的跑道，家长如果能平静接纳，孩子就可以为自己设计全新的人生。复学对于孩子来说非常重要，但当孩子确实已经没有办法完成学历教育时，家长就需要正确处理好自己的期待，不把所有的目标都放在复学上，而要为孩子创造更大的空间。可以有遗憾，不要有后悔。

认识到休学的积极意义，或许能够减小家长的情绪波动幅度，为孩子的康复、复学创造好的环境。一些孩子休学多年后，虽然经过家长的支持，能参与一些社会活动了，但孩子建立了新的社会身份和新的群体认同，原先的身份与认同基本消失，这会导致孩子出门活动完全没有问题，就是回不了学校。维持好原先的身份与认同是家长推进孩子复学成功的关键，如果无法恢复，就只能考虑新的成长之路了。

保护好孩子的学习意愿和能力

孩子面临的问题不是靠大方向正确就能解决的，细节决定成败。家长在孩子休学复学问题上不宜过于放任。把决定权完全交给孩子，要权衡孩子的病情做出合理选择。温柔地坚持、有条件撤退、完全撤退，如何抉择实在考验家长的智慧。

如何找到支持的切入点，主要还是要靠家长的细心观察，看到孩子的需求。没有什么通行的方法。从学校退下来以后，孩子内心也很痛苦，这是他最难的时刻，内心很脆弱。孩子为什么不愿意从家里、从病中走出来？就是因为他觉得外界包括父母都不接纳他，无望感强，不知道如何改变。

任何规则的实施都必须考虑场景的异同，一个未成年的孩子没有能力应对人生的重大决定，家长得给他一些恰当的引导，用力不

能过猛，但也不能完全放任。当然，这个度很难把握，所以才需要学习心理学知识和心理技术。遇到具体的问题就想办法一个一个去解决，这比处理内心的恐惧简单得多。如果家长还是把自己的思维停留在情绪上，始终停留在孩子具体遇到了什么事情的层面上，就不大容易触达孩子的内心。别人的成功经验不是指引自己走向成功的可靠向导，反而容易把自己引入歧途，最终还得靠自己去学会看到孩子背后的需求。学会看见孩子，就会有自己的方法，这条路家长必须自己来走。

充分接纳孩子，尊重孩子的复学意愿，由孩子做出最终决定并服从，这自然是正确无比的。问题在于，家长应该怎么做？一个人一旦偏离了社会主流，他的人生道路会艰难很多。当今是一个职业社会，除非完全不须要考虑生存问题，否则人无论选择什么行业作为自己安身立命的基础，本质上都是选择了一种职业。而每个职业都有职业素养的门槛，门槛的高低与竞争的激烈程度呈正相关。孩子连正常的学校教育的竞争都不能适应，又如何能适应未来的职业竞争？如果现在就完全允许孩子退下来不上学，等事过境迁，家长会不会从内心深处问自己：我当初原本是可以的？现在知道了十几年前的认知和行为是不对的，能保证再过十年二十年回过头来看现在的认知和行为，就都对了吗？

语言没有力量，重要的是行动。孩子内心的动力比家长足，毕竟他知道学习对他的重要性。家长与其带动，不如把亲子关系做扎实，想办法让自己学会如何接纳，至少要学会不焦虑、不批评。说实在的，即使孩子好不起来，一辈子不工作，绝大部分家庭也不是养不起，想明白了这一点，就不容易焦虑。很努力地想办法去解决问题，这本质上是一种对问题的抗拒，迁就、害怕都是抗拒，所有的抗拒孩子都是能感受得到的。

淡定就是力量，父母的底气是孩子的安全感，直路、弯路、错路、回头路都是人生道路，家长要有方法、有力量，让孩子少走弯路而不是不走弯路。

从寻找原因入手

孩子休学的原因是复杂的，主要原因是出现了严重的心理问题，但也有因为单纯厌学的，还有因为过早社交导致认知扭曲的。如果只是盯住复学这个结果，而不从原因上入手，就只能是镜花水月。都说因上努力，真没见几个家长去找过因的。

孩子到了休学这个程度，一定是有原因的，一般来说，家长是到了孩子坚持休学后才意识到孩子确实出现了严重的心理问题，一时不知所措也很正常。很遗憾的是，在一些家长心目中，休学原因无非就是学业压力太大、老师歧视、同学霸凌"三件套"，总之是别人害了孩子，通过学习后家长才知道是自己的养育方式出了问题。

孩子提出休学时，家长不妨跟孩子开诚布公地交流一下。想要休学一定是多方面原因促成的，要找出主要原因，然后一个问题一个问题地去解决。学习压力是不会把孩子压垮的，是社会、学校、家长、孩子的高期待让孩子出现了心理问题。心理弹性不足是重要原因，还有就是由此导致的原有的信任关系、依恋关系、需求关系、同龄人关系等发生改变。主要原因无非就是三个方面。

第一是躯体症状。

思维失控。就是孩子想多了，但这种想多了并不是他愿意的，而是受疾病的影响无法停下来。吃药很有用，但如果与病耻感交织在一起，孩子就很难对治疗有依从性。药物的作用是辅助的，关键在于家庭氛围改善后孩子能够真正放下。

躯体痛苦。这种痛苦是客观存在的，多为抑郁的躯体症状表现，常见的有头痛、肚子痛，去医院又查不出真正的问题。加上这些孩子平时饮食不正常，体力也不能适应正常校园学习的要求，躯体症状以及思绪的失控所导致的身心痛苦，致使孩子的愉悦感消失。

第二是自恋受损。

病耻感。来自孩子自己对疾病的不接纳，包括家长也往往会被强烈的病耻感折磨，这会导致孩子自我评价显著降低，对前途产生负面的结论。其实，社会上谁有时间老是关心你，即使到了学校，同学的指指点点也在很短时间内就过去了，只是孩子会放大这些负面的东西。

自尊心受伤。多来自老师和家长对孩子成绩波动的过度反应。学习压力并不会直接导致孩子心理出问题，孩子最多也就是情绪波动。有些老师和家长对孩子成绩的起伏大惊小怪，尤其是那些尖子生，成绩偶尔下来了，就会引发老师、家长的高度关注，甚至校长有时也会来凑个热闹。自我目标与现实的差距，尤其是因病导致的成绩下滑，会使孩子的自尊心严重受损。而来自老师和家长的"豪华版"压力，孩子是很难从容面对的。

第三是关系问题。

归属感丧失。前面两类问题还可以通过家庭、学校的环境改善而改善，让家长最无力、最困难的是因为同学的疏离与老师的压力，孩子与所处群体隔离所导致的归属感丧失问题。

任何人都生活在一定的关系中。青少年交际圈比较狭窄，同龄人交往基本上集中在同学范围内，家长也会限制其与社会上的同龄人交往。孩子热衷各类追星活动，也有试图扩大同龄人交际圈的因素。

孩子若得不到同学的认同，家长指望孩子喜欢上学，则只能是一厢情愿。而家长往往不能融入孩子的交际圈中，甚至个别家长还会排斥与其他同学来往，当孩子休学后，便会将原因归诸同学的欺负，这无异于南辕北辙，是在努力把孩子从学校里拉出来。

2. 做好复学前的准备

没有休学，就不会有复学。促成复学的最佳时机是孩子提休学的时候，其次就是当下。

从休学开始准备复学

复学准备的最合适切入点应该是在办理休学时，此时可以向学校、老师了解孩子在学校的真实生活环境。

孩子的休学会因为某一件事情激发，走到了休学这一步，之前一定会有发展过程。家长在第一次接收到孩子的休学要求时，通常会觉得很突然，第一反应往往是阻止，会想方设法去处理这件事情，但无论是情愿还是不情愿，最终也只能接受现实。由于受到情绪困扰，家长寻找休学真正原因的举动往往会被搁置。

很多家长对孩子真的很不了解，不知道孩子的好朋友有哪些，不知道孩子现在遇到了什么问题，不清楚孩子的真实想法，不清楚孩子有什么爱好、在玩什么游戏，不知道孩子睡眠好不好，等等。所以，只能把休学的原因归结到学习压力或者发生了某些很具体的事情，把自己的思维始终停留在情绪层面，始终停留在孩子发生了哪些事情的层面，找到的原因大概率未必是孩子休学真正的原因。孩子休学不会是单一原因造成的，把原因归结于某一件事情，比如老师的某一次批评，只不过是家长把自己的原因推卸出去以求得心安。

推动复学成功的最佳时机在孩子提出休学时，家长要引导、发现孩子休学的真正原因，寻找能够发挥作用的点，维持孩子与学校微弱的联系，同时要调整好心态，为孩子疗愈创造好的环境。孩子休学逃避的不是学习的压力，而是家长与学校的期待给他带来的腹背受敌的感觉，逃避学校环境的"不允许"。

休学导致孩子社会功能的中断，在可能的情况下，家长当然应该首先去劝阻休学。这个时候，孩子其实不一定很坚决想休学，家长应充分尊重孩子的意愿，温柔地坚持，在有效共情的基础上做好心理疏导。行不通的话，就有条件撤退，比如让孩子继续保持与学校的联系，在退却中努力保留孩子正常的社会环境，做好与老师、

同学的关系维护。如果这些都无法实现的话，就只能让孩子先退下来。对孩子休学意愿的坚决阻止，将会导致更大的情绪对抗，得不偿失。

从实际情况来看，孩子年龄越小，因为冲动而坚持休学的可能性会更大，家长要根据孩子的情况，从温柔地坚持到有条件撤退、无条件撤退，选择合适的应对方法。当然，孩子第一次休学时，家长往往还处于剧烈的情绪波动中，很难做到合理处置，基本上无法从这个时候就开始有效地准备复学。

保护好孩子的同伴归属感

任何人都生活在一定的关系中，一个人在一个结构化的社会空间中，有确定的社会身份和群体认同，这种一切都被安排的生活本身就会带来一种安全感，这也是很多人愿意考公务员的原因，即使很多人不愿意被安排而想逃离。当孩子休学后，有些家长将原因归于同学的欺负，这无异于南辕北辙，客观上是在阻止孩子回到学校。

遭受校园霸凌是一件让人难过的事情，谴责、找学校等其实都解决不了孩子缺少归属感的问题，如何正确应对、处理才是家长需要成长的点，也是家长最难解决的问题。

同龄人之间的争吵、打闹，其实是孩子在成长过程中为建立群体内部的规则而做出的一种行为。现在社会，孩子打架是不被允许的，这就导致了孩子无法在幼年时期通过低烈度的冲突来建立群体内部的规则，这一过程是无法跨越的，所以孩子才会在小学、中学期间补上这一课。如果学校只会使用规则来约束，孩子就会给这种行为赋予对抗权威的意义，使这种行为无法通过冲突得到释放而被有效解决。对于家长来说，一方面要给孩子充分的支持，另一方面也要理性对待，做好疏导，而不是谋求与学校的对抗。家长配合老师来制止孩子所谓不良行为，就是把自己放在孩子的对立面，会导致亲子关系受损。

青少年交际圈比较狭窄，同龄人交往基本上集中在同学范围内，孩子的各类追星活动，也有试图扩大同龄人交际圈的目的，而许多家长往往不能融入孩子的交际圈中，会试图限制其与社会上的同龄人交往，甚至还会排斥其与其他同学来往。孩子若得不到同学的认同，家长指望孩子能够喜欢上学，则只能是一厢情愿。

孩子休学在家后，请孩子的同学来玩是好事情，但这仅仅是出自家长的愿望和邀请而非孩子自己的意愿，就要慎重考虑。面对还在正常上学的同学，孩子内心是否会有压力？这些同学也很容易觉得自己应当让朋友振作起来，会去鼓励孩子，但这不是陪伴有严重心理问题的孩子的合适做法。

家长不是孩子的拯救者，只需要努力让孩子不灭掉心中很微弱的上进的火苗就好，如果孩子能够跌跌撞撞完成学业，那就更好。不惧过往，不畏将来，家长做好了，孩子康复的路就会顺利。所有的路都得孩子自己走，我建议家长要先静心，不要代替孩子考虑太多，为孩子恢复正常社会功能多做些支持工作，而不是指导、辅导。

充分调动社会资源

孩子复学意味着回到社会，不仅需要家庭的支持，更需要社会的支持。

家长在孩子马上就要去复学时，才开始做各方面的功课，这样的复学成功概率确实不会很高，往往去学校没几天孩子就又退回来了，这对孩子的打击是巨大的。孩子休学之初就开始行动，方向明确，目标具体，因上努力，果上随缘，给孩子足够宽松的环境和充分的准备，复学成功的希望会大很多。

具体来说，孩子处于不同的学习阶段，复学的对策不尽相同。

大学阶段孩子已经无中考、高考压力，环境相对宽松。尤其是大三以后，孩子的大脑发育基本完成，因此，家长应当充分尊重孩子的意愿，能够引导最好，引导不了也没关系。稳定好孩子的情绪

可能是家长能够做的为数不多的事情。

高中阶段孩子面临高考的巨大压力，即使没有严重的心理问题，也会产生不同程度的焦虑，家长也会有不同程度的焦虑，甚至会超过孩子，这一时期也是孩子抑郁症的高发期。但现今的高考，孩子可以有多种选择，职业学院、艺术学校等，只要引导孩子做好自我定位，相对会比较轻松。

初中阶段的中考无可替代，孩子和家长容易共同陷入高焦虑中，孩子无能为力。虽然可以分流到职业学校，但对于孩子而言，这对自尊心的伤害是巨大的。

当准备孩子复学时，家长可将整个过程分解成为几个小目标，比如，促使孩子放下焦虑、通过引导而不是劝导提升孩子动力、通过老师的帮助促进孩子做出决定、通过创造宽松环境为孩子复学注入能量，等等。然后一个一个地去解决，这可以让自己和孩子的心很快安定下来。

解决孩子内生动力不足的问题需要较长时间，要通过家庭支持环境建设来实现，对此，家长要有足够的耐心。如何做好孩子复学期间的心理支持，网上有很多家长分享的经验和心理咨询师的指导，可以参考学习，这里就不再赘述。至于孩子不愿意参加复学训练营或是报名后不愿意参加活动，家长对此还是要守住边界，只做引导，不过多干预。

为了复学要做的准备工作很多，家长要想一下，这些事情孩子自己能不能做到，只有他做不到的，如找社会资源、与老师沟通等，才是家长须要做的，除此之外都尽量让孩子自己去做。

处理好与学校的关系

复学的关键在于学校。在对抑郁症妖魔化的当下现实环境中，不能指望学校和老师都很宽容地对待孩子。因此，家长要以合适的方式处理好与学校、老师的关系，这方面越早做准备，复学成功的概率会越高。

学校的环境是青少年抑郁的重要成因。孩子在学校里受到老师、同学歧视甚至是校园霸凌，家长要一分为二地分析、接纳。学校对孩子的负面影响是客观存在的，这个无须否认，但孩子的抑郁气质会让他们放大负性事件的影响程度。家长对此要抱有平常心，理解学校的管理规则，理解老师的行为模式，学会用实际行动支持孩子。把学校的规则完全套用到孩子身上，不是一个明智的做法。

在处理与学校的关系上，在孩子自身能量不足的情况下，我们并不适合跟学校联手来让孩子完全按照学校的要求做，要始终站在孩子一边，在这两者之间找一个平衡点，改善与孩子直接接触的任课老师、班主任的关系，建立起畅通的沟通渠道，为孩子创造好的小环境，给孩子信心和实实在在的支持。

在尊重学校规则、尊重老师上，不能僵化，不要把自己的规则强加给孩子。孩子的情况比较特殊，可能做不到按通常的标准来遵守规则，还会对个别老师产生怨恨，但这并不意味着孩子对学校规则、对老师不尊重，它只是一种残留症状的自然流露，家长对此要睁一只眼闭一只眼。一方面要与学校沟通，在不对孩子产生负面影响的前提下帮助孩子改善环境；另一方面要充分挖掘孩子的亮点，如自己完成请假手续、处理好自己的情绪后能够继续坚持上学等，学会平静地表达自己的心情，对于孩子细微的成长表达自己的喜悦。对于个别老师的不当行为，家长同样要做好引导，让孩子自己说出解决方案，充分信任孩子，最好等孩子提出要求后，家长再去介入。

通常学校会对孩子的复学提出很多要求，家长可以先跟孩子沟通，想好办法，再来处理。这就是给孩子赋能，孩子觉得心里有底了，他就能找到办法，就能恢复足够的动力去应对这些事情。当然，这些不是在很短的时间内就能完成的，需要有一个过程，也要有一定的技巧，家长首先内心要坚定。六神不定，输得干干净净。

要坚信，孩子的问题一定能找到解决的方法，要跟孩子一起商量着来，还可以寻求外部的帮助，孩子的朋友也好、老师也好、心理咨询也好，总之，调动一切可以调动的力量。寻求外部力量的事情不一定要完全让孩子知道，毕竟这涉及孩子的自尊心和价值观等问题。在孩子与同学的关系处理上，要给孩子充分的信任和信心，引导孩子去面对，支持孩子用自己的方式解决问题。

以外力介入作为突破口

孩子提出休学时，家长要考虑能不能动用各种社会力量给孩子支持，先争取可否不休学。当然，前提是家长不能给孩子新的压力，如果争取不了，那就帮孩子办休学，让孩子退下来休息，再去逐步解决问题，开始考虑安排复学的事情。

一般来说，孩子对家人的接受程度远不如对外人，老师的介入是合适的渠道，家长应该与老师反复沟通，探讨合适的话术，很多时候它能起到决定性的作用。但老师需要处理的事务很多，尤其在开学季，孩子往往不能主动与老师沟通，老师也不大能顾得上孩子，而且老师其实很难真正打消顾虑，所以家长提前开展情感沟通是很重要的。沟通的渠道很多，要根据当时当地的文化背景以及老师的个人背景等，寻找合适的方法。事在人为，无论与老师的关系有多遥远，只要用心，都是能找到切入点的。

权威的力量是巨大的，如孩子的偶像、学校的校长、关系较好的长辈等，他们的一句话，哪怕是批评，对孩子的触动都会远大于家长的千言万语。他们的言行的正向作用与反向作用都很强大，作为激发孩子的动力是很合适的，能在关键时刻发挥积极作用，但不适合长期用来刺激孩子。

还要留意孩子的人际交往圈子，尽量鼓励孩子去做一些能够扩大人际交往圈子的事情，如追星、动漫活动等。在同龄人中孩子容易以合适的身份与他们交往，家长无须担心负面作用，权衡利弊，当下最重要的是让孩子放下一些负担，而不是去预防未来可能的后果。如果孩子能从一个新的关系中获取能量，就有可能认识新的自己，继而改变以往的固有认知。这方面的介入似乎缺乏权威的力量，它作为孩子改善的基础是合适的，但其直接效果可能很难满足家长的期待，家长对此要有合理的预期。

至于社会上的各种辅导机构，还是那句话，鱼龙混杂，家长要谨慎对待。在培训期间孩子得到了全面放松，效果通常都会比较好，但结束以后回到家里，如果家庭环境没有改善，状况还是很容易回到过去的。那些机构只是一个加油站，关键还是在于整个家庭氛围的改善，好的家庭氛围能够给孩子以持续的能量支持。

将大目标分解成小目标，有助于我们放下焦虑、建立信心；做好孩子复学环境的建设，家长要做细致的工作，找到合适的人，设定合适的话术，以应对不同情景；为孩子营造良好的家庭氛围，持续为孩子赋能。三管齐下，孩子复学的道路会更加顺利。

3. 守住复学的时间窗口

不做好复学准备，不做好环境建设，孩子复学失败的概率是很大的，其对孩子的伤害也很大。在关键的时间节点上，家长得"推"一把，为孩子守住复学的时间窗口。"推"的力度很难把握，这考验的是家长的智慧。

评估学习能力

这个阶段家长还有一件非常重要的工作，就是客观评估孩子的学习能力，这样才能对孩子下一阶段的安排做到心中有底。评估的过程就是发现原因的过程。简单地说，评估可以从以下几个维度来展开。

成绩合适。孩子的成绩并不是说越高越好，而是能够很好地与他们的发展水平、天赋局限性相匹配。对于这一点，家长很难做到

客观，没有出现问题前，家长总会高估孩子的成绩，出了问题后，又会有意无意地对孩子的能力不抱希望，常见的是，只要孩子能正常学习，成绩无所谓。而孩子之前会对自己的学习成绩抱有过高的期待，难以面对成绩的起伏；之后又会过于悲观。

使孩子合理确定对成绩的预期，使其很好地与他们的发展水平、天赋局限性相匹配。这项工作的关键并不在于如何改变孩子的认知，而在于如何让孩子确信家长已不再关注成绩。那种"我只要你身体健康，成绩不重要"之类的话，虽然正确，但仍透露出对孩子的胜任能力不信任的看法。学会正确地表扬孩子，把关注点放到孩子的身上，只为孩子的喜悦而喜悦，让孩子确信，成绩的起伏并不会引起家长的反应，才会让孩子真的放下。

舒服愉悦。学校的环境不能使他们感到舒服或愉悦，孩子问题的爆发往往出在这个点上，如果这一点没有问题，孩子通常不会排斥重回学校。而很多家长往往在这方面一无所知，很不清楚孩子在学校里的人际关系情况，家长能说出孩子的几个好朋友就算是很了解了。

使孩子在家庭和学校感到舒服或愉悦，增加孩子对抗外部环境的能力。家庭的舒服感建设起来相对容易，而学校的舒服或愉悦感很难建立，很难想象，一个连房间门都出不去的孩子，能够直接适应学校的生活。家长要通过陪伴孩子，增加他的内生动力，让孩子有意愿走出家门，持续参与一些社会活动，如主动去医院、做心理咨询、参与公益活动等。

照顾自己。孩子的生活能力足以让他们照顾自己和家人。有一点值得家长关注，孩子照顾自己的能力强，比如能独自在家安排好吃的，说明其能较好地适应社会环境，但过强的照顾自己的能力也在很大程度上意味着孩子在家里没有得到家长很好的陪伴。

让孩子更好地照顾和处理自己的情绪波动。如果孩子能够觉察到自己的情绪波动，并能主动寻求医生或家长的帮助，那孩子就基本上能照顾自己的情绪了。至于生活习惯方面，无须担心，孩子能回到学校，就能遵守学校、同学的一些交往规则。孩子的卫生状况在某种程度上也可以是家长观察孩子情绪的窗口。需要特别关注的是，如果孩子的再次复学是在远离家庭的地方，复学可能就会更加艰难，家长要设法处理好孩子离开家庭到学校之初的过渡期。

文化相融。能与学校的文化相融，通常就能获得很好的同龄人认同，能够有一些学习之外的比较正向的兴趣圈子和朋友，能够在遇到问题时有一个释放的渠道。当然，这些东西在孩子没有出现问题前，往往是不被家长允许的，甚至得到过粗暴对待。

孩子休学往往是因为孩子的人际交往出现了问题。支持孩子与老师、同学建立合适的关系，是家长的重要课题，也是很难解决的问题。这方面家长的重点还是在做好自己，比如学习一门新技能，让自己成为孩子的榜样。在学习技能的过程中，学会自嘲，让孩子从家长身上看到如何放下与建立新的关系，就行了。

当然，评估学习能力还可以从其他不同的维度，如果家长能够静下心来，客观、理性地观察孩子，就可以对孩子的情况有一个比较客观的了解。这就需要家长学会从场景中抽离出来，排除自己的情绪带来的偏差，不然就很难做到客观。

陪伴孩子度过最初的内心冲突期

孩子休学回到家里，内心并不会快乐，也无法面对邻居等人的目光和想象中的社会的压力，因此，黑白颠倒、无节制玩手机是常见的化解内心纠结的手段。

当孩子度过了休学之初的内心冲突期后，家长要与孩子坦诚沟通，最好郑重其事一些，具有一定的仪式感。比如，约孩子过几分钟后在客厅等家庭公开的空间交流，让孩子获得正式与家长对话的受尊重感。交流时，家长不推卸责任，也不把所有事情归因于自己，可以先把分歧放一放，以平等的态度与孩子进行友好的谈话。交流

的目的不是让孩子接受家长的计划，而是去倾听并认同孩子的想法，把改善亲子关系当作唯一目标，千万不要抱着改变孩子的心态，切不可回到以前的模式。不过，不能指望一次交流就能了解孩子的真实想法和对未来的打算。很有可能孩子自己也没有想好。

家长可以跟孩子平静交流，并充分尊重孩子的决定。当然，充分尊重并不意味着无所作为，只是在方法上要更加慎重，如果孩子不能满足你的期待，你是否能完全接受？

如果孩子没准备好，家长此时应该选择完全放手，无非存在两种结果：一是孩子继续高焦虑，不能复学；二是孩子可能真的在家长放下的氛围中复学成功。通常家长不放下，孩子就会维持高焦虑状态，家长放下，才能给孩子托底，家长做好准备孩子才有底气迎接挑战。

如果孩子不能复学，一定还有需要成长的点，家长需要完全接纳孩子，与孩子共同成长。孩子想上学了，但是回不去学校，通常是前段时间家庭的心理支持、环境建设没有充分做好，孩子还是无法放下对自己的高期待和高焦虑。还有一种情况是孩子也能正常上学，但他的学习欲望已经消耗殆尽，缺少进步的动力。这就需要家长更深度地看见孩子，看见现象背后的原因。把眼光放在某个因素上，都是治标不治本的。

孩子想换学校也很常见，对这一点家长要心中有数。一方面要尊重孩子的意愿，看看有没有可能，至少让孩子内心放下一部分冲突，在一个全新的环境中重新开始；另一方面要清楚换学校未必是解决问题的方法，要谨慎实施，要评估孩子对新环境的适应能力。没学会游泳的孩子，换个泳池同样也不会游泳。

根据与孩子交流的结果，家长可以做好支持工作，静待花开。如果家长此时就把直接目标放在复学上，是很不合适的。家长最好把目标放在改善亲子关系、夫妻关系上，而不是去试图解决孩子、家庭等各种问题。因上努力，果上随缘，把注意力放在自己成长上，给孩子足够的支持。如果有合适的契机让孩子改善与同学、老师的关系，就要顺势而上，轻轻地"推"孩子一把。淡定就是力量，家长的接纳就是孩子的安全感。

恢复孩子的学习意愿是一件很复杂的系统工程，把关注点只放在孩子离开学校、缺乏动力的爆发点上，而不是放在看见孩子这个人上，只能是南辕北辙，让问题越来越复杂。

冷静面对孩子的退缩

孩子毕竟在家休息了很长一段时间，需要一个适应的过程，复学后出现退缩是大概率的事情。面对复学后的压力，孩子基本上还没做好充足的准备，内在的动力不足，必然会遇到不少问题，这对家长是一个考验。

在复学之初，孩子基本上很难按学校的要求上课，频繁请假、早上第一节课不能按时到校、不能坚持上完每节课等不适应学校高强度作息要求的行为，是我们经常可以看到的。

对此，家长要看到孩子为了上学所付出的艰辛，不仅要看到孩子请了几天假，更要看到孩子上了几天学，只要孩子没有明确提出请假、休学要求，家长千万不要主动建议孩子退下来，在充分尊重孩子意愿的基础上，寻求学校、老师的支持，再在合适的时机轻轻地"推"孩子一把。

需要关注的是导致孩子请假的原因。从实践来看，大致有体能跟不上，早上无法准时到校，内心焦虑，等等，这些需要家长留心观察，区别对待。

如果是体能不足等生理原因导致的请假，通常孩子的学习意愿较强，与老师、同学相处也还可以，自己也会因为频频请假而感到愧疚，内心有改善的愿望。这个时候家长可以先跟老师有效沟通，再与孩子讨论一下如何合理安排作息，逐步改善。

如果请假是因为学习成绩不能满足预期、学习能力受损，处理

起来就相对比较麻烦，要看孩子的焦虑程度。如果焦虑到无法进入学校的程度，说明孩子的焦虑症状还没有得到有效控制，还需要跟进一些药物、心理治疗等医疗措施。如果还不能控制，家长要做好再次休学的心理预期，当然，要等孩子主动提出后再来操作。这个时候如果家长心态平稳，就能够给予孩子有效支持，但家长往往很难不受到孩子状态的影响，这就需要家长自我修炼。

还有一种焦虑是考前焦虑，这是很正常的现象，家长无须担心，做好倾听、接纳就可以了，不需要特别处理。如果过于焦虑，可以适当进行药物处理。不过，这个时候家长需要警惕的是，不要用考试成绩不重要之类的去安慰孩子，这只能加重焦虑。

孩子刚从休学中恢复过来，学习意愿还不一定跟得上学校的要求，有时会夸大躯体症状试图逃避学习，这个时候如果亲子关系比较好，家长出面强调，这是可行的。不过，无论孩子最终去不去学校，家长都不要批评孩子，这个时候要以维护关系为原则。

如果需要孩子住校，家长就要谨慎对待，因为刚复学的孩子脱离休学期间相对宽松的环境，直接进入正常的学校生活，需要一个适应的过程。这个时候如果家长不能与孩子同住，那就要花更大的心思做好孩子的生活环境建设，与同学、老师、宿管搞好关系，及时了解孩子的情况。

接住孩子的情绪

心理疾病本身就有一个正常的情绪起伏周期，孩子的抑郁往往都是双相的，存在周期性的躁郁转换，这个转相过程就是情绪波动。了解这些规律，家长就可以提前采取措施，平稳孩子的情绪。在孩子情绪低落时做好陪伴，尽量不激惹孩子，多倾听以接住孩子的情绪，还可以让医生调整药物。在孩子情绪高涨时做好安抚，防止孩子情绪冲动，还可以调整助眠药物，保障孩子的休息。

复学之初孩子出现情绪波动是大概率的事情，常见的是孩子回家后指责学校和老师。还是那句话，要区分孩子提出的是需求还是情绪，情绪是不需要解决的，释放了就好。如果能够觉察到孩子情绪背后的东西，并且能够引导，自然是好事。如果一下子做不到或者不能从场景中抽离出来，那就与孩子共同释放，让孩子觉得自己的情绪得到了认同。一切试图分清正确与否的评判行为，都容易堵塞孩子的释放通道，最终会使负面情绪被压抑回潜意识中，回到以前的老路上。家长可以跟孩子一起释放情绪，但不宜迁就孩子，跟孩子说"不需要听老师的话"之类的话，一旦落到具体的语言上，很可能会被孩子记住而成为下一次亲子冲突的爆发点。

家长还有个很常见的做法，会以成绩不重要、健康最重要为理由劝解孩子。这个想法是正确的，但这种表达未必能达到预期的效果，这意味着在潜意识层面，家长夸大了孩子病情对学习的影响程度，认为孩子无法胜任正常的学习，某种程度上来说这是一种攻击孩子的行为，这也是很多孩子听到这句话后就不再与家长交流的主要原因。

家长要清楚自己的角色和定位。我们不是孩子成长的主导者，不要代替孩子去成长。我们只是陪伴者和引导者。孩子遇到一个问题或者想探索这条路，那我们陪着孩子一起思考，一起去探索。这条路是孩子的路，孩子是主导者。孩子通过自己的思考找到解决问题的方法，就能够体验成就感，这也是学习兴趣的来源。如果在家长指导下解决了问题，没有经过孩子自己的任何思考和努力，那么他只能得到一种短暂的快感，不会有成就感。

还有一种带有普遍性的规律，在某些特定时期孩子大概率会出现情绪波动，如春秋季、重要的考试前、女孩子的生理期等，这甚至与孩子是否存在心理问题无关。人的情绪起伏往往与体内激素水平的变动有关，在春秋两季人体有一个自然的激素调整过程，有心理问题的孩子可能会表现得更加明显一些。女孩子生理周期引发的情绪波动也同样是体内激素水平的变化导致的。夏秋季的转换更容

易加剧抑郁症状，而且这一时期还叠加了新学期开学。尤其是升入高中、大学的孩子，面临的问题更多，如军训、陌生的学校环境等，家长需要提前做好心理支持。

在重要的考试前出现焦虑加剧，这是很正常的现象，基本上每个人或多或少都有一点，只是孩子的表现和家长的反应会更强烈。对此，家长只要静心接纳孩子的情绪，在孩子需要释放的时候做好陪伴就行了，必要时可以调整用药，减缓孩子情绪波动的幅度。

孩子的状态起伏有一定的规律可循，需要家长静心后观察，尽量减少叠加自己的主观判断。这种观察本身就是一个静心的过程，两者是相辅相成的。要做到静心观察，需要具备一定的医学、心理学基础知识，才能真正看到孩子的症状、情绪，不然，很容易制造新的焦虑。这些不是还处在焦虑中的家长轻易能做到的，但这是家长的义务，得努力。

4. 复学失败后的应对

复学往往不能如家长和孩子所愿，孩子复学后退回到原先状态的不在少数，这会给家长和孩子都带来伤害。如何处理是家长需要思考的。

接受复学失败的现实

复学后的重新休学也很常见，这难免会给孩子带来深深的伤害。孩子的情绪很复杂，各种负面情绪交织，如果家长处理得当，可以把伤害降到最低。孩子复学失败后，家长就应该在合理评估孩子状态的基础上，着手开始新的复学之旅。

孩子通过努力后，最终不能如愿回到学校进行正常的学习生活，这就是复学失败，会给家长和孩子带来巨大的挫败感。没有必要自欺欺人。不过，客观认识复学失败，对今后是有积极意义的。

成功与失败。失败是一种价值判断，是对没有成功的失望，而不是状况的客观描述。既然是一种判断，那就是根据某种标准而做出的评价，而且这个标准通常是外在的社会价值观，不是自己内心的东西。家长的担心，多是来自价值判断，以他人的某种标准来评判孩子当下的情形，然后给出行为、状态对不对的结论。

复学的失败是多种因素促成的，很难用一种标准来评价。把评判标准交给别人，很容易加剧自己和孩子内心的挫败感。无论你多么努力、多么成功，总有人比你更努力、更成功，孩子就是在这种看不到尽头的攀比中耗尽自己内心的力量而变成今天的样子的。

这一次复学的失败，只是在学历教育的过程中出现了倒退，并不是学历教育的失败，也不是学习的失败，更不是人生的失败。放下担心，并不是不承认现实，而是认同事实，接受当下的复学受挫结果，在这个基础上再去发现原因，寻找对策，重新出发。

正确与错误。很多家长会纠结孩子复学失败是不是因为自己做错了什么。事情正确的标准往往是某种崇高的价值观，而错误的标准在各种法律条文上明明白白写着。除了极端情况外，任何抽离特定场景来讨论生活中某件事情是正确还是错误的行为都是毫无意义的，家务事通常不会涉及对与错的极端判断，不可能完全正确，也不可能完全错误。需要讨论的是这些事情在什么场景下起到了什么作用、离开了这些场景是否还可以产生正向的效应，等等。

希望自己的努力能够得到预期的结果，这是人之常情，但对结果的执着，却往往是焦虑的源头。不是所有的努力都能收获预期的结果，孩子的状态也不可能是由单一原因造成的。只有放下担心，才能超越正确与错误的评判困局，客观地看到经历这个过程后孩子与自己的成长。

为再次复学做准备

孩子复学的失败在很大程度上意味着家长的认知和能力已无法控制事态的走向，简单地说，就是家长面对困境已无能为力。此刻，

家长常见的反应有如下几种。

拼。家长会很努力地去做一些事情，试图改变现状。这当然是好的，只是，如果不能改变以往的认知，或者不从行动入手来调整认知，就很容易重蹈覆辙。

变。当现在的方法不能发挥作用时，家长就迅速调整方向。虽然看起来思维比较活跃，但从另一个角度来看，也反映家长不能把一件事情坚持下去。作用于情感的事情要想发挥作用，是要经过一定的过程的。

哭。愧疚感是这个时候家长最容易出现的情绪，自怨自艾，把责任归到自己身上，觉得要是当时能够如何如何，孩子就不会是现在的样子。或者把责任归到他人身上，觉得要是谁谁不做某些事情或者能与我一起进步，孩子就不会是现在的样子。这些实质上都是在用消极思维来防御自己的不进步所带来的负面情绪。

骗。面对当下的无能为力，自欺欺人是最常见的。不肯承认失败，用一大堆心理学甚至宗教、哲学的词语，防御自己的无力感。面对家庭的一地鸡毛，不老实承认并收拾，而是以放下、接纳等想象中的东西来麻痹自己，"红肿之处，艳若桃花；溃烂之时，美如乳酪"。

躲。面对困局，放弃承担解决的义务，远离现实，隔离与家人的情感交流，退回舒适圈里，试图逃避责任，或者以事业上的成功来麻痹自己，这种做法常见于爸爸身上。

出现这些行为很合理，通过积极或消极的态度让自己的心态不再下沉，也是有意义的。一般来说，家长经过了各种学习，方向上出现问题的概率相对比较小，方法上出现问题的概率会比较大。方法问题主要出于缺乏系统性，想用一两种方法来解决所有问题，或者对方法背后的逻辑的理解发生了偏差，比如，对于"放下"的理解错误、对"觉察"的自以为是，等等。

复学成功在某种程度上具有一定的偶然性，突破点可能是老师一句暖心的话、同学一个友善的眼神，这些是无法复制的。当家长把复学的基础工作做到位后，就应该让自己以平和的心态静待花开。不是每一棵树都能开花，但每棵树都拥有自己的天地和独特的价值。

复盘复学失败的原因

复学失败一定是有原因的，找到这个原因，需要理性，更需要家长的感觉。可以试着从以下角度来观察孩子，看看能不能找到一些线索。

能力与角色。每个人在社会上都会扮演某种角色，都有意愿扮演好角色，也期待得到他人的认同。期待、意愿、能力不一致就会造成内心的冲突。复学失败往往都是孩子意愿上希望成功，但自我感觉而非现实中的能力与此存在巨大的鸿沟。孩子是被想象出来的事实吓倒的，家长也是。孩子希望转学、留学来改善学校环境对自己的影响，但一个人不会游泳，换个泳池照样不会，这也是能力与角色差距的表现。

期待与现实。让家长对孩子复学不抱任何期待，是不现实的，只不过因为长期习惯于扮演正确的父母，家长已学会如何让自己的言行适合这个角色，基本上不会在潜意识层面处理这种期待。当这种潜意识中的期待与现实出现偏差后，内心的冲突就会更加强烈，因为它还叠加了家长无法直面自己产生的自恋受损。

事实与情绪。孩子长期以来已经习惯在好学生面具下学习、生活，当他发现自己已不再拥有这个面具时，难免无所适从。他们在休学期间已习惯了抑郁者的角色，同样也很难一下子摘下这个面具，孩子容易从这个面具下看待一切，看见学校里对他们不友好的一面，而对友好的一面选择性忽视，家长和学校又很难为他们创设新的舞台，这也是复学容易受挫的原因之一。

真实与防御。家长虽然也能向孩子表达已放下期待的态度，但

已经放下的说法本身就透露了潜意识层面的放不下，而且自我催眠下的放下程度与潜意识层面的放不下程度成正比。当家长需要用放下期待这个面具来让自己扮演某个角色时，就会用刻意修饰的行为使自己的一言一行都符合这个角色的设定。生活岂能尽如人愿，当出现波折时，我们所防御的东西就会以更加猛烈的方式表现出来，这就是为什么当我们用自我催眠的方式让自己获得安宁后，遇到孩子的休学问题，我们会更加崩溃。

理性与感性。理性能够让自己努力查找原因，但并不是原因发现得越多越好，这个界限就在于找到能够努力的点。理性不是解决情感问题的钥匙，客观看孩子没能回到学校这件事情，孩子并不是因为事实的原因而退缩，而是因为内心的冲突。这种内心冲突往往来自信念而不是某种客观事件，尤其是家长也被孩子的行为困在情绪中。虽然自我成长是一句陈词滥调，但确实如此，没有家长的成长，就很难有持续稳定的家庭环境。

孩子天然就有复学的意愿与动力，但这并不意味着他总能把这种本自具足的天性表达出来，会有很多种角色在阻碍他。因此，当孩子退下来后，家长应该让孩子先卸下面具，好好休息，处理好自己的情绪。

信任感与胜任感

信任感是指家长与孩子相互之间的信任程度。孩子坚信无论遇到什么事情，自己都可以获得家长持续、稳定、强有力的支持，家长相信孩子遇到问题都会愿意找自己商量对策，这就是一种强信任。胜任感是指家长充分相信孩子有处理他自己问题的能力，孩子也一样相信家长的能力。

家长与孩子相互的信任感是家庭支持环境建设的重点，而胜任感是自信心的基础。回过头来想想，很多时候家长做的事情都是在破坏信任感和胜任感。比如，家长告诉孩子"我们只要你健康快乐，成绩不重要"，是不是隐含了一种对孩子学习能力的不认可？家长在没有问清楚情况之前就帮助学校批评孩子，是不是对相互之间信任的破坏？再往远处说，家长在辅导孩子做作业时指指点点，是不是在破坏孩子的胜任感？很多家长在这两个方面都出现了问题，才使得孩子、家庭走到现在的境地。

曾经与一个家长聊起孩子休学的事情，我问这个家长：你想让孩子好，那么你自己真实的想法是不是想让你的孩子休学？你有没有想过这个问题？我问了好几遍，结果她找了很多的理由，说这个说那个，就是不回答我这个问题，一直在回避自己内心的某些东西。不是说回避就不对，但至少说明她的内心还是没有真正放下，才会需要优越感，尤其是家长没有觉察、直面自己内心的恐惧，言谈举止还带有很强烈的情绪化表达，对孩子的影响同样也是很负面的。说到底，家长还是不相信孩子自我成长的能量。

欣赏、相信才能给予孩子力量。是孩子自身客观原因引起的休学，家长要支持；是孩子认知决定的休学，家长要合理坚持和温柔守护。重新复学与第一次复学相比，好处是家长和孩子共同经历了一次失败，会更容易处理内心的冲突，对困难也有更清晰的认识。不好的地方也在这里，孩子可能会对想象中的困难更加恐惧，内心的冲突可能会更加激烈，有的会产生逃离学校的想法。

从这个角度看，孩子出现状况，对家长伤害最大的其实是家长自己的胜任感被破坏，这会导致家长想方设法去弥补，有些家长到处去学习，也有些会在工作中寻求弥补，还有一些会去做各种公益活动，以把自己打造成"大神"而确立优越感。踏踏实实增强自己的能力，才是正途。

做为孩子赋能的家长

坦率地说，孩子再次休学，家长的原因更大一些。认同孩子的不良情绪，处理好自己的失落，对于家庭氛围营造是很重要的。一

味学习并运用技巧，既不能处理好关系，也不一定能获得成长，学会看透行为背后的原因，用真情实感真实地生活，让家人感受到爱和温暖，才是合理的方向。

每个人的内心都有向好向善的动机，这种动机是先天固有的，是生命力的自然表达，是本自具足的体现。本自具足并没有任何不思进取的内容，但需要通过修炼才能得到充分表达。以本自具足的名义拒绝学习或者认为这是在拒绝学习，只不过是防御机制在发挥作用。

很多家长总是在强调自己如何放下，如果不能直面内心的恐惧，所有的放下就都是假象。看到了行为背后的东西，允许自己做不到，就会同样允许你的孩子做不到。很多家长在经过学习后，会以尊重孩子的名义放任孩子，通常这种做法是非常有益的，但对于认知受损的孩子，关键时候是需要家长支持的，这个时候家长的放手未必是对孩子最友好的方式。

复学对于孩子而言，是一种战胜自我的体验，在这期间一旦出现情绪波动，焦虑的产生就是大概率事件，家长也一样。家长要做好引导，将大目标分解成小目标，这有助于放下焦虑、建立信心。家长要做细的工作，做好孩子复学环境的建设，找到合适的人，设定合适的话术，以应对不同情景，还要为孩子创造良好的家庭氛围，持续为孩子赋能。很多家庭的经历提供了正反两方面的经验，很值得研究学习，但需要注意的是，对于别人的成功经验，一定要学会看见发挥作用的心理学原理，尽量还原发挥作用的场景。很多场景中的细节会被家长在描述时不自觉地忽略，他们自己也没感受到这些因素的作用。这些被忽略的细节往往难以复制，是基础性的东西，比如夫妻关系的亲密程度、家长跟孩子的关系、学校的宽容度、孩子与同学的关系，乃至当地的社会文化背景、医疗条件，等等，这些未必能够被家长在讲述孩子成长经历的过程中充分表达出来的，却可能会对孩子能否复学成功起决定性作用。

　　为孩子赋能，家长首先要有能量，然后把这种能量释放出来影响家庭的其他成员。如何积累能量、如何交流，可以从前文所说的调整家庭关系等方面入手。

　　改变认知很难，改变行为很容易，关键在于如何摆脱固有认知的束缚，从行为入手来推动认知的改变。整个家庭都对问题的产生负有责任，解决问题的责任只能由自己来承担，指望他人与自己同步成长，是一种退行，是在防御失败带给自己的痛苦。

参考文献

［1］国家卫生计生委办公厅.国家卫生计生委办公厅关于印发精神障碍治疗指导原则（2013年版）等文件的通知：国卫办医函［2013］525号［A/OL］.（2013–12–26）［2024–01–10］.http://www.nhc.gov.cn/yzygj/s3593/201312/46701af314434ece93aa5d49d1320881.shtml.

［2］国家卫生健康委办公厅.国家卫生健康委办公厅关于印发精神障碍诊疗规范（2020年版）的通知：国卫办医函［2020］945号［A/OL］.（2020–12–07）［2024–01–10］.http://www.nhc.gov.cn/yzygj/s7653p/202012/a1c4397dbf504e1393b3d2f6c263d782.shtml.

［3］弗洛伊德.梦的解析［M］.丹宁，译.北京：国际文化出版公司，1998.

［4］梅森，克雷格.亲密的陌生人：给边缘人格亲友的实用指南［M］.韩良忆，译.台北：心灵工坊，2005.

［5］曹剑波.道教心理健康指要［M］.北京：宗教文化出版社，2007.

［6］吕锡琛，等.道学健心智慧：道学与西方心理治疗学的互动研究［M］.北京：中国社会科学出版社，2008.

［7］戈夫曼.日常生活中的自我呈现［M］.冯钢，译.北京：北京大学出版社，2008.

［8］吴文源.焦虑障碍防治指南［M］.北京：人民卫生出版社，2010.

［9］樊富珉，何瑾.团体心理辅导［M］.上海：华东师范大学出版社，2010.

［10］科里.心理咨询与治疗的理论及实践［M］.谭晨，译.北京：中国轻工业出版社，2010.

［11］姚尧.重口味心理学［M］.北京：中国友谊出版公司，2012.

［12］任法融.道德经释义：修订版［M］.北京：东方出版社，2012.

［13］桑特洛克.青少年心理学［M］.寇彧，黄慧，黎洁，等，译.北京：人民邮电出版社，2013.

［14］法伯，玛兹丽施.如何说孩子才会听 怎么听孩子才肯说［M］.安燕玲，译.北京：中央编译出版社，2013.

［15］伯恩斯.伯恩斯新情绪疗法［M］.李亚萍，译.北京：科学技术文献出版社，2014.

［16］索振羽.语用学教程［M］.2 版.北京：北京大学出版社，2014.

［17］米勒.亲密关系［M］.王伟平，译.6 版.北京：人民邮电出版社，2015.

［18］津巴多.路西法效应：好人是如何变成恶魔的［M］.孙佩妏，陈雅馨，译.2 版.北京：生活·读书·新知三联书店，2015.

［19］卡巴尼斯，彻里，道格拉斯，等.心理动力学个案概念化［M］.孙铃，等，译.北京：中国轻工业出版社，2015.

［20］麦克威廉斯.精神分析案例解析［M］.钟慧，汤臻，张莉娟，等，译.北京：中国轻工业出版社，2015.

［21］陈璐.微行为心理学［M］.北京：中国商业出版社，2015.

［22］陈璐.微情绪心理学全集［M］.北京：中央编译出版社，2015.

［23］陈玮.微人格心理学［M］.北京：中央编译出版社，2015.

［24］考恩.我战胜了抑郁症：九个抑郁症患者真实感人的自愈故事［M］.凌春秀，译.北京：人民邮电出版社，2015.

［25］华生.欲望心理学［M］.北京：中央编译出版社，2016.

［26］斯威特.认知与改变：CBT对情绪和行为的积极影响［M］.段鑫星，马雪睿，武瑞芳，等，译.北京：人民邮电出版社，2016.

［27］阿德勒.自卑与超越［M］.杨颖，译.杭州：浙江文艺出版社，2016.

［28］荣格.心理类型［M］.魏宪明，译.北京：民主与建设出版社，2016.

［29］伯恩斯.伯恩斯新情绪疗法Ⅱ［M］.李亚萍，译.北京：科学技术文献出版社，2016.

［30］贺.镜子练习：21天创造生命的奇迹［M］.张国仪，译.台北：方智出版社，2017.

［31］陈霞.道家哲学引论［M］.北京：中国社会科学出版社，2017.

［32］阿德勒.阿德勒心理学讲义［M］.吴宝妍，译.北京：化学工业出版社，2017.

［33］张文成.墨菲定律［M］.苏州：古吴轩出版社，2017.

［34］契克森米哈赖.心流：最优体验心理学［M］.张定绮，译.北京：中信出版社，2017.

［35］中国就业培训技术指导中心，中国心理卫生协会.心理咨询师：基础知识［M］.北京：中国劳动社会保障出版社，2017.

［36］中国就业培训技术指导中心，中国心理卫生协会．心理咨询师：国家职业资格三级［M］．北京：中国劳动社会保障出版社，2017.

［37］陆林．沈渔邨精神病学［M］.6版．北京：人民卫生出版社，2018.

［38］郝伟，陆林．精神病学［M］.8版．北京：人民卫生出版社，2018.

［39］沈家宏．原生家庭：影响人一生的心理动力［M］．北京：中国人民大学出版社，2018.

［40］伯恩斯．伯恩斯新情绪疗法Ⅲ［M］．李亚萍，译．北京：科学技术文献出版社，2018.

［41］武志红．为何家会伤人［M］．北京：北京联合出版公司，2018.

［42］弗洛姆．爱的艺术［M］．刘福堂，译．北京：人民文学出版社，2018.

［43］王邈．释梦：认识未知的自己［M］．哈尔滨：北方文艺出版社，2019.

［44］曼宁．最亲密的陌生人：当你爱上边缘型人格障碍者［M］．李晓燕，刘卫一，译．北京：人民邮电出版社，2019.

［45］斯坦诺维奇．这才是心理学：看穿伪科学的批判性思维［M］．窦东徽，刘肖岑，译.11版．北京：人民邮电出版社，2020.

［46］曾奇峰．曾奇峰的心理课［M］．北京：中国友谊出版公司，2020.

［47］阿圭勒．青少年边缘性人格障碍家长指南［M］．张进渡过团队，译．北京：中国工人出版社，2020.

［48］塞利格曼．习得性无助［M］．李倩，译．北京：中国人民大学出版社，2020.

［49］刘嘉．心理学通识［M］．广州：广东人民出版社，2020.

［50］傅小兰，张侃.中国国民心理健康发展报告：2021—2022［M］.北京：社会科学文献出版社，2023.

［51］马斯洛.动机与人格［M］.刘晓丹，译.北京：团结出版社，2021.

［52］真实故事计划.少年抑郁症［M］.北京：台海出版社，2021.

［53］巴特尔斯，赫尔曼.12个经典心理学研究与批判性思维［M］.郭力平，译.上海：华东师范大学出版社，2021.

［54］布莱克曼.心灵的面具：101种心理防御［M］.王晶，译.2版.上海：华东师范大学出版社，2021.

［55］李明.成人之美：明说叙事疗法［M］.北京：中国人民大学出版社，2021.

［56］邓宁.为什么越无知的人越自信？从认知偏差到自我洞察［M］.刘嘉欢，译.北京：中译出版社，2022.

［57］张海音.张海音心理咨询实践［M］.北京：北京联合出版公司，2022.

［58］徐钧.徐钧自体心理学入门［M］.北京：北京联合出版公司，2022.